友谊中的满满幸福

编著　孟智罡

黑龙江美术出版社

图书在版编目(CIP)数据

友谊中的满满幸福 / 孟智罡编著. — 哈尔滨：黑龙江美术出版社，2016.3

（影响孩子一生的心灵鸡汤）

ISBN 978 - 7 - 5318 - 7746 - 2

Ⅰ.①友… Ⅱ.①孟… Ⅲ.①人际关系学 - 青少年读物 Ⅳ.①C912.1 - 49

中国版本图书馆 CIP 数据核字(2016)第 048711 号

书　　名/ 友谊中的满满幸福
　　　　　youyizhong de manman xingfu
编　　著/ 孟智罡
责任编辑/ 吕希萌
出版发行/ 黑龙江美术出版社
地　　址/ 哈尔滨市道里区安定街 225 号
邮政编码/ 150016
发行电话/ (0451)84270524
网　　址/ www.hljmscbs.com
经　　销/ 全国新华书店
印　　刷/ 北京龙跃印务有限公司
开　　本/ 880mm×1168mm　　1/32
印　　张/ 5
版　　次/ 2016 年 3 月第 1 版
印　　次/ 2017 年 4 月第 2 次印刷
书　　号/ ISBN 978 - 7 - 5318 - 7746 - 2
定　　价/ 19.80 元

前 言

　　心灵就像是一间房屋，只有勤于打扫，才能拂去笼罩其中的灰尘，才能清理干净其中的杂物。生命需要鼓舞与希望，心灵需要温暖与滋养。点亮温暖的心灯，打开紧闭的心灵，让光明充满你的整个心房，让幸福从此与你相伴。"影响孩子一生的心灵鸡汤书系"与你共同欣赏温暖千万心灵的情感美文，品尝改变千万人生的心灵鸡汤。

　　"影响孩子一生的心灵鸡汤书系"全套共分8册，让你尽情品尝不同的美味。

　　《做最好的自己》教你如何成就卓越人生，做最好的自己，成为所有人眼中最优秀的人。

　　《尊重是彩虹顶端的光芒》教你如何尊重别人，从而赢得别人的尊重。

　　《友谊中的满满幸福》教你如何获得真挚的友情，让孩子们在阅读的同时领会到正确的交友方法，并使孩子们懂得珍惜来之不易的纯洁友谊。

　　《善良的种子会开花》教你如何做一个善良的人，让世界多一些温馨。善良是生命之源，唯有善用优良品质的人，才能通达理想之门。

　　《感恩：让温情常驻》教你如何感恩身边的一切。通过一则则感恩故事，让孩子更好地理解感恩，更好地感恩父

1

母，感恩老师，感恩身边的人。

《生活是为了笑起来》教你如何快乐地生活，乐观地面对一切。快乐其实很简单，只需我们时刻保持一个积极乐观的心态，那么快乐就在我们身边。

《爸爸妈妈不容易》教你如何感恩父母。我们要体谅爸爸妈妈为我们付出的辛苦，从心里学会对爸爸妈妈感恩，用孝顺的行为回报爸爸妈妈曾经对我们的付出。

《迎难而上：做了不起的自己》教你如何面对生活中的挫折。在困难面前，我们不应该退缩，而应该迎难而上。只有迎难而上，才能看到光明的未来。

"影响孩子一生的心灵鸡汤书系"是一套适合少年儿童阅读的经典故事丛书。每一个故事都是经典，每一本书都值得珍藏。故事中所体现的优秀和高贵的品质能够浸润到孩子们的精神里，一直伴随他们成长，影响他们的一生，让他们的人格变得健全，内心变得坚强，心性变得随和；让他们懂得爱与尊重，在将来面对人生的各种境遇时，都能勇敢面对。

这里有体会幸福的生活感悟，有涤荡心灵的历练，有战胜挫折的勇气，有闪烁光辉的美德，有发人深思的人生智慧，有温馨感人的爱情，有荡气回肠的亲情……每篇故事都在向人们讲述一份美好的情感、一种人生的意义，使你获得心灵的洗礼。这些温情的故事，一定能感动你我纯净的心灵！因为这里，是一个纯真的世界；因为这里，是梦想起飞的地方。

本丛书语言优美，故事精彩，知识广博，也有利于提高孩子的阅读和写作水平。

目录

第一辑　用关爱浇筑友谊

1

第二辑　用体谅滋养真情

第三辑　冬日的一缕阳光

第四辑　心与心的契合

目录

第五辑　陪伴是最好的礼物

目录

第六辑　患难之交才是知己

用关爱浇筑友谊

第一辑

　　友谊的双桨需要我们和谐地摇荡，才能推开层层波浪助我们成功。友谊如船，载着我们走向成功的波岸。友谊如花，需要我们用关爱和尊重去悉心灌溉。友谊究竟是什么？如果说友谊是一颗常青树，那么，浇灌它的必定是出自心田的清泉；如果说友谊是一朵开不败的鲜花，那么，照耀它的必定是从心中升起的太阳。

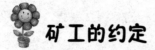 矿工的约定

一个矿工下井刨煤时，一镐刨在哑炮上。哑炮响了，矿工当场被炸死。因为矿工是临时工，所以矿上只发放了一笔抚恤金，就不管矿工妻子和儿子以后的生活了。

在丧夫之痛中又面临着来自生活上的压力，她无一技之长，只好收拾行装准备回到那个闭塞的小山村去。这时矿工的队长找到了她，告诉她矿工们都不爱吃矿上食堂做的早饭，建议她在矿上支个摊儿，卖些早点，一定可以维持生计。矿工妻子想了一想，便点头答应了。于是一辆平板车往矿上一停，馄饨摊就开张了。8毛钱一碗的馄饨热气腾腾，开张第一天就一下来了12个人。随着时间的推移，吃馄饨的人越来越多。最多时可达二三十人，而最少时也从未少过12个人，而且风霜雨雪从不间断。

时间一长，许多矿工的妻子发现自己的丈夫养成了一个雷打不动的新习惯：每天下井之前必须吃上一碗馄饨。妻子们百般猜疑，采用跟踪、质问等种种方法来探求究竟，结果均一无所获。

甚至有的妻子故意做好早饭给丈夫吃，却发现丈夫仍然去馄饨摊吃馄饨。妻子们百思不得其解。

直至有一天，队长刨煤时被哑炮炸成重伤。弥留之际，他对妻子说："我死之后，你一定要接替我每天去吃一碗馄饨。这是我们队12个兄弟的约定，自己的兄弟死了，他的老婆孩子，咱们不帮谁帮？"

从此以后，每天早晨，在众多吃馄饨的人群中，又多了一位女人的身影。来去匆匆的人流不断，而时光变幻之间唯一不变的是不多不少的12个人。

友情心语

时间在变，对朋友的关怀却从未停止，这大概就是友谊的力量吧。有一种友谊可以抵达永远，而用爱心塑造的友谊，穿越尘世间最昂贵的时光。12个秘密其实只有一个谜底：真正的友谊就是无私地关爱、呵护，永无止境。

 # 只因我们是朋友

那是发生在越南的一个孤儿院里的故事，由于飞机的狂轰滥炸，一颗炸弹被扔进了这个孤儿院，几个孩子和一位工作人员被炸死了。还有几个孩子受了伤。其中有一个小女孩流了许多血，伤得很重！

幸运的是，不久后一个医疗小组来到了这里，小组只有两个人，一个女医生，一个女护士。

女医生很快地进行了急救，但在那个小女孩那里出了

一点问题，因为小女孩流了很多血，需要输血，但是她们带来的不多的医疗用品中没有可供使用的血浆。于是，医生决定就地取材，她给在场的所有的人验了血，终于发现有几个孩子的血型和这个小女孩是一样的。可是，新的问题又出现了，因为那个医生和护士都只会说一点点的越南语和英语，而在场的孤儿院的工作人员和孩子们只听得懂越南语。

于是，女医生尽量用自己会的越南语加上一大堆的手势告诉那几个孩子："你们的朋友伤得很重，她需要血，需要你们给她输血！"终于，孩子们点了点头，好像听懂了，但眼里却藏着一丝恐惧！

孩子们没有人吭声，没有人举手表示自己愿意献血！女医生没有料到会是这样的结局！一下子愣住了，为什么他们不肯献血来救自己的朋友呢？难道刚才的话他们没有听懂吗？

忽然，一只小手慢慢地举了起来，但是刚刚举到一半却又放下了，好一会儿又举了起来，再也没有放下！

医生很高兴，马上把那个小男孩带到临时的手术室，让他躺在床上。小男孩僵直着躺在床上，看着针管慢慢地插入自己细小的胳膊，看着自己的血液一点点地被抽走！眼泪不知不觉地就顺着脸颊流了下来。

医生紧张地问是不是针管弄疼了他，他摇了摇头。但是眼泪还是没有止住。医生开始有一点慌了，因为她总觉得有什么地方肯定弄错了，但是到底在哪里呢？针管是不可能弄伤这个孩子的呀！

关键时候，一个越南的护士赶到了这个孤儿院。女医生把情况告诉了越南护士。越南护士忙低下身子，和床上的孩子交谈了一下，不久后，孩子竟然破涕为笑。

原来，那些孩子都误解了女医生的话，以为她要抽光一个人的血去救那个小女孩。一想到不久以后就要死了，所以小男孩才哭了出来！医生终于明白为什么刚才没有人自愿出来献血了！但是她又有一件事不明白了，"既然以为献过血之后就要死了，为什么他还自愿出来献血呢？"医生问越南护士。

于是越南护士用越南语问了一下小男孩，小男孩回答得很快，不假思索就回答了。回答很简单，只有几个字，却感动了在场所有的人。

他说："因为她是我最好的朋友！"

我不知道该用怎样的言语去描述看完这个故事后带给我的感动。我也不知道该用怎样的言语去描述友情。但我相信，再也没有人会比这个孩子更懂得友情的含义了。

友情心语

在这个孩子的眼里，友谊的分量大过自己的生命。这实在令人感动。也许有人会觉得孩子的想法是幼稚的，可笑的。可是他对友谊的态度却是令人震撼的。他的心是稚嫩的，但也是火热的。

友谊中的满满幸福

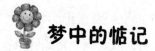 **梦中的惦记**

罗成刚要出门，接到一个电话："罗成啊，我是张翰。好，我马上就过来。"

罗成想：和张翰这么多年没联系了，自己刚升职，莫不是……

门铃响了，门开处，伸进一个乱蓬蓬的脑袋，一只黑色的塑料袋子"嗵"地放在地板上。罗成说："是张翰啊，快请进。"

坐在沙发上，罗成递烟给张翰。张翰抽出一支，凑在鼻子上闻闻，说："罗成，你混得不错啊。"

"听说你要来，特地去超市买的。"罗成用打火机给他点烟。

张翰嘻嘻一笑，放下烟，说："那么破费干吗？我早戒了，那东西耗钱。"

罗成说："那就吃些水果吧。"

张翰也不客气，抓了个苹果，边吃边环顾房子，说："你这房子够气派啊。"

罗成说："我是'负翁'一个，现在每月还在还房贷呢。"张翰说："你们夫妻俩都是白领阶层，这钱来得容易，债也还得快。哪像我们，能吃饱饭，不生病，孩子上得起学，就上上大吉了。"

罗成想，这像是要借钱的开场白吧。他说："是啊，现在，谁都活得不容易。"

张翰说："你真是身在福中不知福。我打小就知道，你将来肯定比我活得有出息。"

罗成说："哪里哪里，也是混口饭吃吧。"

张翰正色道："你这样说就不对了，人要知足，对吧？"然后，又开起玩笑，"你可不要犯错误啊。"

两人聊起童年时的事儿，说到小时候的邻居谁离婚了，谁出国了，谁还是那么一副臭脾气，一聊聊到快中午，张翰还是没说他来的目的。

罗成说："张翰，咱们去外面馆子吃饭吧，边吃边聊。"

张翰说："今天肯定不吃了，我答应老婆回家吃饭的。"仍然继续刚才的话题。

罗成见他一直不提正事，又没有走的意思，想到自己下午还有个会，又不好意思催促，心里便有些七上八下，心想可能张翰不好意思自己提出来，便说："张翰，你还在摆地摊吗？不如找个固定的工作，做保安什么的，收入也比那强啊。"

张翰说："我不喜欢做保安，我倒是想过自己租个门面，这样总比被城管赶来赶去强。"

罗成说："城管大队的人我倒是认识，你今后有什么麻烦的话，我可以帮忙。"

友谊中的满满幸福

张翰拍了一下罗成的肩膀，说："兄弟，有你这句话，说明我没有白惦记你。十多年了啊，你还是这般热心肠。好，我高兴，真是高兴啊。"边说边站了起来。

罗成说："吃了饭再走。"

"老婆还在家等着我呢。好，我走了啊。"

听着张翰"啪啪"的脚步声一路下去，罗成低头看了看地板上的黑袋子，打开来一看，原来是自己小时候最喜欢吃的鱼子干。

罗成不知说啥好，忽然觉得自己特俗。

楼梯口又传来"啪啪"的脚步声，好像是张翰的。罗成想：可能刚才他没勇气说出口，就冲这一袋子鱼子干，不管他提啥要求，自己一定想办法。

打开门，果然是张翰，尴尬的脸上都是亮晶晶的汗珠。他不好意思地说："你们这个小区像个迷宫，我绕来绕去总找不到大门。"

罗成说："瞧我这粗心，应该陪你下楼去的。"说着，便和张翰下了楼。走到楼下，张翰去开自行车锁，那辆车和张翰一般灰不溜秋、尘头垢面。

罗成问："你是骑车来的？"他知道张翰住在西城，从那骑车到他这儿，起码要一小时。

张翰说："是啊，骑惯了。"罗成说："张翰，你有啥困难只管开口，我能帮的一定帮你。"

张翰说："没啥事，就想来看看你。"

罗成说："多年咱都没联系了，你今天上门一定有事。你只管说，别开不了口。”

张翰看看罗成，似下了决心说："我说出来你可别
生气。"

见罗成点头，张翰说："我昨晚做了一个梦，梦见你
得了重病，很多人都围着你哭。这一醒来，我心里就七上
八下的，连地摊都不想摆了。知道你混得好，我也不想打
搅你了。可这梦搅得我难受，连我老婆都催我来看看你，
看你气色这么好，我就放心了。唉，梦呗，我这人还真
迷信。"

罗成的眼睛红了，他一把抱住张翰，说："兄弟。"

友情心语

　　罗成忽略了自己是一个被朋友牵挂的人，并不懂得朋
友的真正意义，而一味地认为别人是另有所图。其实，被
人牵挂是一种幸福，就像在寒夜中披在身上的夹袄，驱走
了这个世界上的寒冷和孤独，让人感觉到恒久的温暖。

 素未谋面的老朋友

　　我很小的时候，我家楼梯平台处的墙上，钉着一个木
盒子。磨得发亮的电话听筒挂在盒子的一侧，我还记得那
电话号码——105。那时，我太小，根本够不到电话。每当

妈妈打电话时，我常常迷惑地在一旁听着。一次，她抱着我与出差的爸爸通了电话。嘿，那真是妙极了！

不久，在这个奇妙的电话机里，我发现了一个神奇的人。她的名字叫"问讯处"。她什么事情都知道。妈妈可以向她询问其他人的电话号码；家里的钟停了，她很快就能告诉我们准确的时间。

一天，妈妈去邻居家串门，我第一次独自体验了这听筒里的神奇。那天，我在玩弄着工具台上的工具，一不小心，锤子砸到了手指上，疼得我大哭起来。但似乎是没有用的，因为没有人在家，谁都无法同情我。我在屋子里蹭着，呓着砸疼了的手指。这时，我想起了楼梯那里的电话。我很快将凳子搬到平台上，然后爬上去，取下听筒，放在耳边，"请找问讯处。"我对着话筒说道。

"问讯处，请讲。"随即，一个细小、清晰的声音在耳边响了起来。

"我砸疼了手指……"忽然，我对着听筒恸哭起来。由于有了听众，眼泪止不住地往下流。

"你妈妈不在家吗？"听筒里传来了问话声。

"家里就我一个人。"我哭着说。

"流血了吗？"

"没有。"

"你能打开冰箱吗？"

"可以的。"

"那你取下一小块冰来放在手指上。这样就不疼了。

不过用碎冰锥的时候可要小心些。好孩子，别哭了，一会儿就会好的。"

此后，我向"问讯处"问各种各样的问题。我问她地理，她就告诉我费城在哪里，奥里诺科河（委内瑞拉）——一个富于浪漫的河在哪里。我想等我长大了，我要去这些地方探险。她教我简单的算术，还告诉我，那只我前天才捉到的心爱的花栗鼠应该吃一些水果和坚果。

一次，我家的宠物金丝雀彼蒂死了。我把这个消息告诉了她，并向她讲述了这个悲哀的故事。她听后讲了些安慰我的话，可这并未使我感到宽慰。为什么一个能唱动听的歌，并能给我们全家带来欢乐的鸟儿，竟这样就离我而去了呢？

她一定是感到了我的关切之意，于是轻柔地说："保罗，记住，还有别的世界，它还是可以去唱歌的。"

听了这话，不知怎么，我心里感到好多了。

所有这些事情都是发生在西雅图附近的一个小镇。我九岁时，我们全家搬到了波士顿，可我却仍然非常想念我的那位帮手，但不知怎么，对于现在大厅桌子上的那台新电话机，我却一点儿也不感兴趣。

当我步入少年时期的时候，童年谈话时的记忆一直萦绕着我。在有疑虑的时候，我常常回忆起以往悠然的心境。那时，我知道，我随时可以从"问讯处"那里得到答案。现在，我体会到了，对一个浪费她时间的小男孩，她是那么耐心解答，又是那么友好。

友谊中的满满幸福

一晃几年过去了。一次我去学院上课，飞机途经西雅图停留约半小时。然后，我要换乘其他飞机。于是，我打算用十五分钟时间给住在那里的姐姐打个电话。然而，我竟不由自主地把电话打到了家乡的电话员那里。

忽然，我又奇迹般地听到了我非常熟悉的那细小、清晰的声音："我是问讯处。"我不知不觉地说道："你能告诉我fix这个词怎么拼写吗？"一阵很长时间的静寂后，接着又传来了一个轻柔的声音："我猜想，你的手指现在一定已经愈合了吧？"

"啊，还是你！"我笑了，"你是否知道在那段时间里，你在我心目中有多么重要……""我想，你是否也知道，你在我心目中又是多么重要吗？我没有孩子，我常常期待着你的电话。保罗，我有些傻里傻气，是吧？"她一点也不傻，但是我没有说，只告诉她，这些年我刚常想念她，并问她能否在这一学期结束后，回来看望姐姐时再给她打电话。"请来电话吧，就说找萨莉。"

"再见，萨莉，如果我再得到花栗鼠，我一定会让它吃水果和坚果的。""对，我希望有一天你会去奥里诺科河的。再见，保罗。"

三个月过去了，我又回到了西雅图机场。然而，耳机中传来的竟是一个陌生的声音。我告诉她请找萨莉。"你是她的朋友？"我说："是的，一个老朋友。""那么，很遗憾地告诉你，前几年由于她一直病着，只是工作半天的。一个多月前，她去世了。"

当我刚要挂上电话，她又说："哦，等等，你是说你叫维里厄德？""是的！""萨莉给你留了张条子。""是什么？"我急于知道她写了些什么。"我念给你听：'告诉他，我仍要说，还有别的世界，它还是可以去唱歌的。他会明白我的意思的。'"

谢过之后，我挂上了电话，是的，我确实明白萨莉的意思。

友情心语

　　萨莉是一个成年人，但是她却有一颗童心和爱心，用自己的爱心和信念填充、滋养了一个素不相识的孩子的心灵。正是这种无私的鼓舞和爱，使得"我"和萨莉之间产生了深厚的友谊。所以，一个富有爱心的人，往往更容易结交新的朋友。

 请帮我接个电话

　　周六傍晚，菜炒到一半，没盐了，停下来到楼下的食杂店去买。店主老刘见我来了，松了口气似的说我来得正好。他简单交代，站在边上的女孩是哑巴，想叫我帮着打公用电话，而他要照料生意。我才发现柜台边上站着一个清秀的女孩，眼里满是期待。

友谊中的满满幸福

我接过笔写道，好吧，你写我说。她感激地对我笑笑，开始写上她要说的话。我则开始拨号，接电话的是个男人，我愣了一下，女孩找的明明是个女孩。对方解释说，他也是帮着接电话的，他那边的也是个哑巴女孩。

于是，我们这两个不相干的人充当了传话筒，在两边喊来喊去。她说，她想念一起去吃米粉的时候，她说，她帮她织了一条围巾，要寄过去。她说，要很长时间才能回去，请帮她多看看父母，她说，收到了寄来的相片，胖了点呢。电话通了近十分钟，太慢，因为一边说一边写费时不少。

在等她写话的时候，我看她认真的模样，忽然间，为我们四人的默契一阵感动，我从来没有遇到这样的事。打完电话，女孩露出快乐的笑容，写给我看，那头是她最好的朋友，约好这个时间打电话，这样坚持了好多年。最后她写给我的两个字是"谢谢"，还画上了一个小小的心，她撕下小纸片放到我手里，然后付钱离开了，很快消失在黄昏的街道上。

我拿着一包盐和那张小纸片回家，一路在想，我们随时可以开口说话，也可以写信，写E-mail，现在又有了QQ，想要联络真是随手拈来，可是为什么，提包里的电话联络本上可联系的电话越来越少？那个女孩虽不能开口说话，可仍然坚持通过别人的传话告诉对方，我在惦念着你。

友情同样需要一份用心的经营，她们是人群中一对幸福的朋友，而我无意中分享到了这份幸福。

　　友谊是人与人在不断的沟通交往中建立和发展起来的。彼此之间能常常联系，相互牵挂，感情也就越来越深厚；如果朋友之间没有了关爱，没有了问候，那么彼此的情谊也就越来越淡了。

门前的鲜花

　　各布·里兹和他的妻子伊丽莎白及两个女儿——凯特和克莱拉，当时住在城郊的一幢小房子里。这幢小房子正如同在一块巨大的色彩斑斓的画布上——各种各样的鲜花正在广阔起伏的田野上就像夏夜的繁星一样热烈地盛开着。

　　有一天，雅各布走在回家的路上，在路口看到了阿伯特——一个住在马贝街的男孩。"你妈妈今天怎么样了？"雅各布问道，"她还很虚弱吗？"

　　"是的，"阿伯特答道，"但她总算好点了。"

　　"我建议你，"雅各布说，"假如能够的话，你最好采一些花送给你妈妈，因为病人看到生机勃勃的鲜花会感到好一点的。"

　　"是吗？"阿伯特怀疑地问。雅各布肯定地点点头。

　　"那我会设法采一些花给我妈妈的。"阿伯特说，"只是我不知道花到底是什么样的，我从来没有见过。"

"什么，你从来没有见过任何花？"雅各布惊讶地说，"可是，阿伯特，只要一到乡下，五彩缤纷的鲜花到处都是！""我从来没有去过乡下。"阿伯特低下头说，"我妈妈不能带我去，我们太穷了，我从小到大一直没有离开过马贝街。"

于是雅各布坐下来，想努力告诉阿伯特鲜花到底是什么样子的。

他说："鲜花盛开在大地上。有些花朵沁人心脾，气味芳香，而有些花却一点味也没有。柔软的花瓣形状千奇百怪：有圆的、椭圆的；有扁的、卷的；有片状的、带状的。花还有许多想都想不出来的颜色：有的红似木柴燃烧发出的火焰；有的蓝得像晴朗无云的天空；有的花比冬天飘洒的雪花还要白；有的黄得比妈妈的黄纱巾的黄色还要深，还要透明。"

当雅各布说完的时候，阿伯特仍然相当困惑地眨眨眼睛说："我大概已经明白花是什么样子的了。我真的希望有一天能看到它们，摸一摸，闻一闻。"

雅各布回到家，见到两个可爱的女儿以后，告诉她们一个名叫阿伯特的男孩的故事，一个从来没有离开过一条叫做马贝街的黑暗街道的孩子，一个从来没有看见过哪怕是最平凡最微小的花儿的可怜的孩子。

两个女儿沉默了。

第二天，凯特和克莱拉早早冲出房子，奔进宽广的原野，尽她们所能一个劲地采花。她们把一大捧鲜艳芬芳还带着露水的花交给雅各布。

"我们是为阿伯特采的，"她们气喘吁吁地说，"那个从未见过花的男孩子。"当阿伯特看到这些花时，他很久很久没有说一个字。

另一些马贝街的孩子路过了这里。他们也从未看到过鲜花。他们问是否可以仔细地看看它们，摸摸它们并且闻闻它们。所有的孩子都认为，这些花朵非常迷人。有一个小女孩轻轻地抚摸着柔滑的花瓣，觉得它们是如此美丽，如此令人心醉神迷，竟忍不住哭了起来。大颗大颗的泪珠溅落在这美好而又安静的花束上。

那一天，雅各布为他的报社写了一个关于马贝街的孩子和花的故事。他把印好的报纸带回家给妻子和女儿们看。她们都为送花给阿伯特而感到非常高兴。

那天晚上，同平常一样，许多人看到了雅各布写的故事，都为马贝街的孩子们感到难过。

于是，他们纷纷一大早就走进田野、荒地，走到山谷里，走到小溪边，走到山包上，采了尽可能多的鲜花——就像凯特和克莱拉一样。

有些人乘着火车，有些人赶着敞口马车，有些人坐着四轮马车纷纷进城，更多的人徒步走来：人人手里都捧着刚摘下来的清新的五颜六色的鲜花。

他们把纯洁的花束放在雅各布的工作室里，都说同一句话："请把这些花带给马贝街的孩子们。"

不久，这间工作室就被花挤满了。雅各布看看窗外：川流不息、越来越多的人正捧着无比贵重的鲜花来到这里。

雅各布弄来一辆大运货马车，把花一趟一趟地带给马贝街的居民：给每个孩子们，给他们的母亲们，给他们的父亲们。给了每个人后，还有许多鲜花。于是，人们就把花摆在窗户前，靠在大门前，插进烟囱里，抛到屋顶上：凡是能塞进花的每一个角落和缝隙，都放上了花。

雅各布后来成了一个老人。在几十年里，他看到了马贝街的许多变化：破旧的老房子被推倒了，新房子取代了它们的位置；一个宽阔平整的游戏场也终于修成了，在那儿，马贝街的孩子们可以尽情玩耍；路灯亮了起来，马贝街不再黑暗了。

但是，已经没有任何事情能使雅各布像很多年前的一天那样感到快乐：在那天，有个叫阿伯特的男孩第一次看到鲜花；在那天，所有的马贝街的孩子们第一次看到了鲜花；在那天，有个小女孩流下了泪水，仅仅因为她手里紧握的鲜花在她看来是如此的美丽动人。

友情心语

爱心和友谊是可以传递的，也是无边无际的。雅各布用他自己的实际行动，影响了一大群有爱心的人，让马贝街变成了花的海洋。每家每户门前的鲜花，就是他们对孩子们无尽的关爱。这个世界需要更多像雅各布这样的人。

杰克的整个世界

　　九岁的杰克长着褐色的头发和一双天使般明亮的蓝眼睛。杰克从记事开始就一直住在一所孤儿院里。那里只有十个孩子，杰克是其中之一。孤儿院的资源非常的匮乏，唯一的经济来源就是艰难地、持续不断地向这个城市里的居民们发起募捐活动。

　　孤儿院里的食物很少，不过，虽然孩子们平时总是饥一顿饱一顿的，但是每到圣诞节来临的时候，那里总是有比平时多一点的食物可以吃，孤儿们也比平常要居住得暖和些。而且，这时候，孤儿院里总是笼罩着一种喜气洋洋的节日气氛。当然，最重要的是，这时候，那里有圣诞节的柚子！

　　圣诞节是一年中唯一一个提供精美食品的节日，每一个孩子都把圣诞节的柚子当做珍宝一样看待，好像在这个世界上，再也没有什么食物比它更好吃了。他们用手抚摸着它，感觉着它那又凉爽又光滑的表面，一边赞美它，一边慢慢地享受着它那酸甜的汁水。

　　真的，这是每个孤儿的圣诞之光和他们所能得到的圣诞礼物。因此，可以想象得出，当杰克收到他的礼物时，他将会感到多么巨大的喜悦啊！

　　可是，在圣诞节的前一天，杰克不慎在哪里踩了一靴

友谊中的满满幸福

子的湿泥，而他自己一点也不知道。他从孤儿院的前门走进去，在新铺的地毯上留下了一长串带着湿泥痕迹的脚印。更糟糕的是，他甚至没有注意到这一点。等到他发现的时候，这一切都太晚了。惩罚是不可避免的，而惩罚的内容是出人意料而无情的，杰克将得不到他的圣诞柚子！这是他从他所居住的这个冷酷的世界里能够得到的唯一一份礼物。但是，他盼望整整一年的圣诞柚子，却得不到了。

杰克含着眼泪恳求原谅，并且许诺以后再也不会把泥土带进孤儿院里，但是没有用。他感到一种无助的被抛弃的感觉。那天夜里，杰克趴在他的枕头上哭了整整一夜。在圣诞节那天，他感觉内心空虚且孤独。他觉得别的孩子不希望和一个被处以这样一种残酷惩罚的孩子在一起。也许，他们担心他会毁掉他们唯一一个快乐的日子。

也许，他在心里猜想，之所以有一道鸿沟横在他和他的朋友之间，是因为他们害怕他会请求他们把柚子分给他一点儿。那一整天，杰克一直待在楼上那冰凉的卧室里。他像一只受冻的小狗一样蜷缩在他唯一的一条毯子底下，可怜兮兮地读着一本关于一个家庭被放逐到荒岛上的故事。只要杰克拥有一个真正关心他的家庭，他并不介意他的余生在一个与世隔绝的荒岛上度过。

最糟的是，睡觉的时间到了，杰克却怎么也睡不着。他怎么说他的祈祷词呢？他在又凉又硬的地板上跪下来，轻轻地呜咽着，祈求上帝为他和像他一样的人们结束世间的一切苦难。

当杰克从地板上站起来，爬回到他的床上时，一只柔软的手摸了摸他的肩膀。他吃了一惊。接着，一个东西被轻轻地放在了他的手上。然后，给他东西的那个人什么也没说，就悄无声息地离开了房间，把不知所措的杰克留在了黑暗里，杰克把手里的东西举到眼前，就着昏暗的灯光，他看到它好像是只柚子！

不过，它不是一只又光滑又亮，形状规则的普通柚子，而是一只特殊的柚子，一只非常特殊的柚子。在一个用柚皮碎片拼接在一起的柚壳里，有九片大小不一的柚子瓣儿。那是为杰克做成的一只完整的柚子！是孤儿院里的其他九个孩子从他们自己珍贵的几瓣柚子中每人捐出了一瓣，组成的一只完整的、送给杰克做圣诞礼物的柚子！那一刻，杰克泪如雨下。那是他收到的最美丽、最美味的一只圣诞柚子。

友情心语

点滴的爱可以汇成一条宽阔的河流，流淌在人们心中，滋润人们的心田。所以不要忽视，也不要放弃那点点滴滴的爱。"只要人人都献出一点爱，世界将变成美好的人间"，那只不规则的，当由九瓣大小不一的柚子瓣儿拼起来的特殊柚子摆在杰克面前时，他收获了一份完美无缺的爱。杰克是不幸的，因为他失去了太多；杰克又是幸运的，因为他收获了九个人的友爱。九个人的友情与爱加起来，就是杰克所有的世界。

友谊中的满满幸福

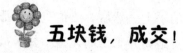

五块钱，成交！

　　警察局拍卖脚踏车，出现了一个离奇的场面。

　　由于警察局寻回的失物往往无人认领，或者物主提出证据后又放弃不要，因此，警察局的贮物室里收藏的物品真是琳琅满目，令人惊奇。那里有各式各样的东西：照相机、立体声扬声器、电视机、工具箱和汽车收音机等。这些无人认领的东西，每年以拍卖方式出售一次，去年密苏里州堪萨斯市警察局的拍卖中，就有大批的脚踏车出售。

　　当第一辆脚踏车开始竞投，拍卖员问谁愿意带头出价时，站在最前面的一个男孩说："五块钱。"这个小男孩只有十岁，或十二岁。

　　"已经有人出五块钱，你出十块好吗？""好，十块，谁出十五块？"叫价持续下去，拍卖员回头看一下前边那个小男孩，可他没还价。

　　稍后，轮到另一辆脚踏车开投。那男孩又出五块钱，但不再加价。跟着几辆脚踏车也是这样叫价出售。那男孩每次总是出价五块钱，从不多加，不过，五块钱的确太少。那些脚踏车都卖到三十五或四十块钱，有的甚至一百出头。

暂停休息时，拍卖员问那男孩为什么让那些上好的脚踏车给人家买去，而不出较高价竞争。男孩说，他只有五块钱。

拍卖恢复了：还有照相机、收音机和更多脚踏车要卖出。那男孩还是给每辆脚踏车出五块钱，而每一辆总有人出价比他高出很多。现在，聚集的观众开始注意到那个首先出价的男孩，他们开始察觉到会有什么结果。

经过漫长的一个半小时后，拍卖快要结束了。但是还剩下一辆脚踏车，而且是非常棒的一辆，车身光亮如新，有十个排挡，六十九厘米车轮，双位手刹车，杠式变速器和一套电动灯光装置。

拍卖员问："有谁出价吗？"

这时，站在最前面，几乎已失去希望的小男孩轻声地再说一遍："五块钱。"

拍卖员停止唱价。只是停下来站在那里。

观众也静坐着默不做声。没有人举手，也没有人喊出第二个价。

直到拍卖员说："成交！五块钱卖给那个穿短裤和球鞋的小伙子。"

观众于是纷纷鼓掌。

那小男孩拿出握在汗湿拳头里揉皱的五块钱钞票，买了那辆无疑是拍卖车里最漂亮的脚踏车时，他脸上露出了从未有过的美丽的笑容。

友谊中的满满幸福

友情心语

　　让这个小男孩拥有那辆脚踏车的，并不是他手里那张五块钱的钞票，而是整个拍卖会上买家向他伸出的友谊之手。一辆脚踏车对这些买家来说算不得什么，可对这个小男孩来说，却让他走出了绝望的低谷，这就是友谊在很多时候所发挥出来的巨大力量。

推倒冷漠的心墙

　　心理上的隔阂远胜过空间上的障碍。

　　一块丑陋的水泥墙"咕——噜、咕——噜"呻吟着沉入海底，差一点砸着水晶宫。

　　"这是什么东西？"龙王大怒。

　　乌龟丞相立刻去现场调查，回来禀报："一块柏林墙！"

　　"柏林墙？"龙王说，"就是那个把一个国家和民族隔成两半，只存活10 315天，又一夜之间灰飞烟灭的水泥块？"

　　"正是。"乌龟丞相讲，"它代表一个利益集团的意志，别人的死活它是不管的。我们大海容不得这种坏东西，我马上派虾兵蟹将把它扔回大陆！"

"且慢！"龙王说，"让它留在这里更好！龙子龙孙们可以每天看见它。应当让年轻人知道，最坏的墙是冷酷无情的墙，它常常建在一些人的心中。"

"柏林墙"是人为的竖在东德和西德中间的一堵墙。这堵墙把德国人民隔离了许多年。如今，柏林墙早就被推翻了，但是，还有种种无形的"柏林墙"隔在人们之间，这就是人心的隔阂。消除人心的墙比推倒有形的墙更难。

当我们在日常交往过程中与他人出现隔阂或矛盾时，我们该怎么办呢？明智的选择就是采取积极态度，主动化解矛盾、打破隔阂，推倒心中的"柏林墙"。

消除隔阂消除误解，会给我们带来更多的收获。在希望别人快乐的同时，你自己也充满了快乐。人与人之间偶尔出现一点小"摩擦"是很正常的，但重要的是不要让小摩擦演变成大矛盾，甚至最好不要让摩擦发生。

为了减少与他人的隔阂和摩擦，首先要有一颗宽容大度的心，不要为一些鸡毛蒜皮之事而斤斤计较，出现矛盾隔阂时主动与人化解。还有就是抑制争强好胜的性格，对事或对人不必过分强求，更不能为了取胜而不择手段。

在与人交往时，将你的心窗打开，不要吝啬心中的爱，因为只有爱人者才会被爱。当你陷入困境时，你会得到许多充满爱心的关怀和帮助。

友谊中的满满幸福

影响孩子一生的心灵鸡汤

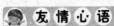 **友情心语**

心墙不除，人心会因为缺少氧气而枯萎，人会变得忧郁、孤寂。爱是医治心灵创伤的良药，爱是心灵得以健康生长的沃土。爱，以和谐为轴心，照射出温馨、甜美和幸福。爱把宽容、温暖和幸福带给了亲人、朋友、家庭、社会。无爱的社会太冰冷，无爱的世界太寂寞。爱能打破冷漠，让尘封已久的心重新温暖起来。

用体谅滋养真情

第二辑

　　友谊是大自然的一抹色彩，独具慧眼的匠师才能把它表现得尽善尽美；友谊是乐谱上的一个跳动音符，感情细腻的歌唱者才能把它表达得至真至纯。友谊是一泓出现在沙漠里的泉水，只有宽容体谅才能将它的胸怀彻底地张扬。

思念的一片绿色

新兵杨光上山已半年有余了，今天是第一次下山。

卡车沿着蜿蜒的盘山路一步步降低海拔高度，车上，战友们的呼吸感到越来越顺畅。

高入云端的雪山垭口有一座被称为"天屋"的边防哨所，驻守着一个班。老班长郁江南被批准复员，今日下山到连部集合。副班长周勤及开车的老兵盖国强，带着新兵杨光也一起下山，为老班长送行。

海拔高度已从4500米降到2800米，杨光长长地深呼吸，真想唱一支歌。这时，老班长开言，兴致勃勃地宣布了一条好消息：军区文工团小分队今晚在团部礼堂慰问演出，"天屋"哨卡分配到了一个看演出的名额。"我们车上这四个人都请注意集中精力，等会儿，谁先发现了路边的第一片绿色，看演出的名额就奖给谁。"

啊，绿色，自从杨光上了哨所，就再也没见到过了。放眼望去，四面八方全是终年不化的皑皑雪山。同全班战友一样，杨光在每次临睡前，最盼望的事就是能在梦中拥抱青山绿水。现在，随着气温的一度度升高，杨光早已睁大了双眼急切地搜寻点点滴滴的生动活泼的生命之色了，不为争取去看慰问演出，就为实现半年多来的夜夜梦想啊！

看到了，看到了！杨光眼尖，第一个发现了挺立在悬崖绝壁上的一棵松树，那绿色的松针，宛如一朵朵耀眼的鲜花！"绿色！哈哈我看到第一片了！"情不自禁，杨光手舞足蹈喊出声来，喊出了两眼热滚滚的泪水。

"好，好，今晚看演出的名额就归杨光了！"老班长话音未落，副班长和盖老兵便立即应声响应："杨光啊，你运气真好！""是啊，我眼睛都瞪圆了，怎没抢到第一名呢？"

"不不不，"杨光急忙摆手，"虽然是我最先发现绿色，但老班长就要离队了，演出应当让老班长去看。"

老班长说："我马上就要回到我的江南古镇了，还愁看歌舞演出没机会吗？沪剧、越剧，我们家乡可是戏剧之乡呀！"副班长和盖老兵也齐声赞同老班长的决定："杨光呀，我俩明年也要复员了，可是你呢，守好咱'天屋'，还任重道远呢！""对呀对呀，既然是比赛眼力你得了第一名，公平竞争，你就不要推辞了！"

少数服从多数。盛情难却。晚上看演出时，杨光的眼前一次次浮现的是下山时发现的那第一片美丽的绿色。

次日，大家回哨所的路上少了一个人。三位战友怅然若失，一边怀念着老班长，一边用凝重的目光恋恋不舍地与渐行渐远的绿色告别。汽车盘上雪线，与那最后一棵岩松挥手再见时，副班长和盖老兵的脸上更是写满了神圣与庄严。

新兵杨光蓦然间全明白了：昨天下山时，老班长、副

班长还有盖老兵，三个人其实都早就远远地看见思念已久的第一片绿色了，但他们都忍着兴奋，抑制着心跳，为的就是让新兵杨光发出第一声欢呼，把那难得的唯一的看演出的名额让给他……

泪水模糊了杨光的双眼，他站直了身躯，像一尊铁塔一样，向雪山，向雪山下的万里绿色，立正敬礼。

友情心语

真正令新兵杨光感动的，并不是那即将到来的一场精彩演出，而是战友们悄无声息的关爱。是的，战友之间的情谊是短暂，但也是伟大的。我们虽然不在部队，没有战友，但却拥有情深意厚的朋友，同样应该处处体谅、关爱他们。

 ## 我和校长做笔友

校方提倡、鼓励学生从校风、食宿等方面给学校提建设性意见，说实在的，我感动极了，激发了一点主人翁的意气给校长写了一封批评信。

亲爱的买买提校长：

说说车库吧，学校一年年扩招扩建，车库却一夜之间消失了。我们每天兴高采烈地骑车来到学校，为了抢车位和同学吵架，对于自行车您总得让它们有个立足之地吧。车库没了，我的损失太大了，按每次停车欣赏4位美女计算，这220天没车库的日子您让我错过880位美女呀！

祝您没认出我的笔迹！

笔友：阿童木

写完，我预感不祥：人家校长本来名叫"龙在天"，我偏叫他"买买提"，大不敬也。但是，我就是想提意见想说几句真话，并且我用左手写字，笔迹认不出的。

果然不出所料，一共有八位义士为了提意见献出了真名结果惨不忍睹——学校没找他们麻烦，倒是各班班主任不断找他们，如临大敌。我自然没被逮住，不过听人说，校长正在为一封署名"阿童木"的信开研究会。为了表示我的愤怒和失望，我又写了一封信。

31

亲爱的买买提校长：

听说您在找我。我劝您别白费心机了。我来自外太空，您是找不到的，不过您的卑鄙我还是很欣赏的。

笔友：阿童木

没料想，我的信寄出第二天，学校公告栏里贴出了三封信，轰动全校。我赶去阅读，不由大吃一惊。其中两封信是我寄给"买买提"的，另有一封是校长写给我的。

亲爱的阿童木同学：

我不得不遗憾地告诉你，我们的确抓不住你，但你最好露出美丽的狐狸尾巴，好让我揪住。咱们不能好好聊聊吗？

友谊中的满满幸福

祝你看到这封信!

　　　　　　　　　　　校长：龙在天

　　看来，校长就是校长，姜还是老的辣，几句话就想诱导我去自投罗网。看来不可掉以轻心呀，可我就是有一肚子意见想提，不说不痛快。从此以后，我几乎每周都会写信给龙在天校长发表我的意见。凡是同学们的意见，校长竟一一公示在公告栏上，还加以评点，着实让我吃惊。可是写信越多，我好像越发不满，言辞越来越激烈，校长终于在公告栏上直白地宣示：牢骚越多，见识就少了。同学们也纷纷讨伐：阿童木胡搅蛮缠嘛，不如将他逮住，送交校长处理。

　　情况有些风声鹤唳，我感觉好像所有人都要捉拿我似的，但是，你不知道说真话也是有瘾的，一股难以遏制的情绪驱使着我，用理性的目光审视我的校园、班级和我自己。

　　我洋洋洒洒写了6000字的建议书，去寄信的路上恍然看见学校的车库正在打扫清理——要恢复了。我感慨啊，我的美女们，久别了。啊，买买提，我要郑重地说，我高中毕业一定请你吃火鸡。来到邮筒旁，我的左手欲将信投进去，就在这时，另一只手猛地抓住我的左手。

　　别着急，是我的右手抓住我的左手。

　　哼，说句真话还害怕这害怕那，岂有此理！我回转身去，径直朝校长办公室走去，我要把千言书直接送到校长手里，看你把阿童木怎么样？

妙啊，买买提竟准备了一个大奖状——说真话大奖。他说不是等我，而是等候勇气，然后开个表彰大会，以奖真话赞美真诚的心。

友情心语

俗话说："良药苦口利于病，忠言逆耳利于行。"我们往往只喜欢听自己的朋友讲好话，而不喜欢他对自己提出的意见。其实那个给我们提出意见的朋友，对我们并没有恶意，而是在帮助我们成长。这样真诚的朋友多了，我们才能不断地改正缺点，不断完善自己。

距离产生美

蕨菜和离它不远的一朵无名小花是好朋友。每天天一亮，蕨菜和无名小花都扯着嗓子互致问候。日子久了，两人都把对方当成自己最知心的朋友。同时，它俩发现，由于相距较远，每天扯着嗓子说话很不方便，便决定互相向对方靠拢。它们认为彼此之间距离越近，就越容易交流，感情也越深。

于是，蕨菜拼命地扩散自己的枝叶，它蓬勃地生长，舒展的枝叶像一柄大伞一样；无名小花则尽量向蕨菜的方向倾斜自己的茎枝，它俩的距离也越来越近了。

友谊中的满满幸福

出乎意料的是：由于蕨菜的枝叶像一柄张开的大伞，它不仅遮住了无名小花的阳光，也挡住了它的雨露。失去阳光和雨露滋润的无名小花日渐枯萎，它在伤心之余，不再与蕨菜共叙友情，相反还认为是蕨菜动机不良，故意谋害自己，便在心里痛恨起蕨菜来。

蕨菜呢，由于枝叶过于茂盛，一次狂风暴雨之后，它的枝叶被折断许多，身子光秃秃的。看着遍体鳞伤的自己，蕨菜把这一切后果都归咎于无名小花，认为如果没有无名小花，它也绝不会恣意让自己的枝叶疯长的。

于是，一对好朋友便反目成仇了。

友情心语

友情之花需要沟通、体谅和帮助的滋养，但也需要克制与距离来促进其关系的和谐融洽。心灵是贴近的，但肉体应该保持一定的距离，克制自己，尊重自己，尊重对方，才能让友谊之花长盛不衰。

度君子之腹

君子有其独特的做事风范，以小人的心肠忖度君子的行为，总是会犯错误的。

从前有一位国王得了重病，宫中御医用了各种办法，国王的病情依然不见好转。这时，从外地来了一位医生治好了国王的重病，国王非常感激他。知恩不报非君子，国王的第二次生命全靠了这位医生，他因此决定重赏医生。

于是，国王暗地里吩咐属下携带很多财宝，赶到医生的家乡，为医生修建了深宅大院，木器家具一应俱全。另外国王还派人为医生置办了大量田产，赐给他成群的牛羊。一切都安排妥当之后，属下又悄悄回宫。

这时，国王的病已彻底痊愈。他对医生说："我的病已经痊愈，非常感谢你，你可以走了。"

医生原以为会得到国王丰厚的奖赏，毕竟国王的第二次生命是他挽回的，可现在国王一点封赏的意思也没有，他心中非常恼怒，但也只好暗自将怨恨埋在心中。

医生带着愤愤不平的情绪回到了家乡。可是回到家一看，禁不住让他大吃一惊，听着乡人的赞叹与羡慕之词，医生在惊愕之余，不禁惭愧至极。他情不自禁地自言自语道："国王真是位有德之人，知恩图报，给我的奖赏远远超过了我所希望的，而我却心胸狭窄，误认为国王是不义之人，满怀怨恨，实在是以小人之心，度君子之腹啊！"

我们不是小人，却常常会犯小人般的错误，总在不经意之间伤害了君子的心。其实，我们许多人都会犯与这位医生一样的错误。对于别人给予自己的真诚帮助，我们会思忖他在笑容背后隐藏着怎样的险恶目的。他是看中了我的权，还是我的钱？可事实证明，那只是他的纯真善心使然，全然不是我们所想的那么险恶。

友情心语

　　猜疑往往是心灵闭锁才人为设置的心理屏障。只有敞开心扉，将心灵深处的猜测和疑虑公之于众，增加心灵的透明度，才能求得彼此之间的了解。

鹿与豺交朋友

　　在一个名叫金巴兰的大森林里，住着一只鹿和一只乌鸦，它们相处得很和睦。有一天，一只豺来到森林里，对鹿说："你住在这座森林里，也没有一个伴儿，你如果和我交个朋友，那该多好啊。"

　　鹿听了豺的话以后，便把豺领到了自己家里。乌鸦远远地看见豺走来的时候，就对豺有了戒心。它把鹿叫到一边，悄悄地对鹿说："兄弟，你和一个不了解它地位、身份和脾气的豺交朋友，可不太明智啊。"但是鹿没有听乌鸦的劝告，仍然同豺交了朋友。

　　一天，豺对鹿说："朋友，离这儿不远的地方有一大片金黄的稻田，到那里去你可以吃到你最喜欢吃的食物。"鹿听了豺的话，就每天到那片稻田里去吃稻子。护田人发现鹿天天来吃稻子，就布了网，准备捉住它。

　　有一天，鹿刚刚来到田里就陷进网里了。鹿在网里想：在这危难时刻，我的朋友豺如果能来帮我的忙该多好啊！这时，豺果然到稻田里寻找鹿，当它发现鹿陷进了护田人的网里时，心想：鹿终于陷进网里了，好哇，这回护田人剥了它的皮，我就可以吃肉了。

鹿突然发现了豺，急忙哀求道："朋友，你能救我脱险吗？你不救我，我肯定活不了了，请你想办法咬破这个网，救救我吧。你如果救了我，我是不会忘记你的恩情的。"

豺说："朋友，我可怜你，我看到你落难，心里十分难过，我一定要咬破这张网。不过，今天是我的斋戒日，不能吃肉，这网是用羊肠做的，如果我一咬，便会破坏了我的斋戒，等明天早晨再说吧。明天一早，我就来救你。"豺说完就走了，然后到个隐蔽的地方藏了起来。

天快黑了，乌鸦还不见鹿回家，心里非常着急。它四处寻找，最后发现鹿正陷在网里。乌鸦说："朋友，你怎么会掉进网里？你的朋友豺在哪儿？"

鹿说："兄弟，这就是我不听你的话，和豺交朋友的下场，真的，'不听好人言，遭殃在眼前'。"

"朋友，你赶快鼓起肚子躺在地上装死，听我大声叫的时候，你立刻爬起来逃走。"乌鸦说完，便飞到一棵树上去。鹿听了乌鸦的主意，就鼓起肚子躺在地上，假装死了。

护田人走近一看，以为鹿真的死了，便放下木棒，赶快去放网。在护田人收网的时候，乌鸦立刻呱呱地叫起来。鹿听到乌鸦的叫声，爬起来，撒腿就逃。护田人发现

友谊中的满满幸福

鹿跑了，抬起木棒向鹿扔过去，木棒没有打中鹿，正好打中藏在树丛后面等着吃鹿肉的豺。

明代苏浚将朋友分为4种："道义相砥，过失相规，畏友也；缓急可共，生死可托，密友也；甘言如饴，游戏征逐，昵友也；利则相合，患则相倾，贼友也。"因此，交友要选择，多交益友、畏友、密友，不交损友、昵友、贼友。"近朱者赤，近墨者黑。"这些古训都说明交友对一个人的思想、品德、学识会产生深刻的影响。

清代的冯班认为：朋友的影响比老师还大，因为这种影响是气习相染、潜移默化的，久而久之就不知不觉地受其影响。这就是《孔子家语》说的："与君子游，如入芝兰之室，久而不闻其香，则与之化矣。与小人游，如入鲍鱼之肆，久而不闻其臭，亦与之化矣。"在交往中，我们应注意谨交友、慎择友的古训。在交友时要有知人之明，不要错把坏人当知己，受骗上当，甚至落入坏人的圈套而无法自拔。

交友有一个选择的过程。开始是结识和初交，在交往过程中互相了解以后，才由初交成为熟悉的朋友。朋友可以是暂时的，也可能是永久的。从学习、工作的需要出发，本着互惠互利、共同发展的原则，结交一些志同道合的朋友是有益的。如果不仅志同道合，而且感情深厚，心灵相通，这样就可以从合作共事的朋友变成生死相依、患难与共的知音知己。

交什么朋友，怎样交友，这是一个问题的两个方面。

朋友有君子，有小人，交友也有君子之交和小人之交。君子之间的友谊平淡清纯，但真实亲密而能长久。小人的友谊浓烈甜蜜，但虚假多变，经不起时间的考验。

君子之交以互相砥砺道义、切磋学问、规劝过失为目的，友谊是建立在互相理解、思想一致的基础之上的，虽平淡如水，但能风雨同舟，生死不渝。小人之交是建立在私利的基础上的，平时甜言蜜语，信誓旦旦，一旦面临利害冲突，就会交疏情绝，反目成仇。

君子之交和小人之交的区别在于"同道"还是"同利"。小人之交因为是为了私利而互相勾结，所以见利就争先，利尽就交疏。这样的朋友是假朋友，或者是暂时的朋友。君子之交是坚持道义的原则和社会的使命，所以能够相益共济，始终如一。这样的朋友才是可靠的真朋友。我们要交志同道合的真朋友，不要交追逐私利的假朋友。

友 情 心 语

　　每个人都有自尊心，无论他的身份有多卑微。有些人自视甚高，他们觉得自己很重要，却忘了别人也需要这种感觉。他们在不经意间流露出对别人的轻视，于是受到大家的疏远。只有真诚地尊重他人，理解他人，你才会受到他们的欢迎。

友谊中的满满幸福

友谊没有身份之别

丹尼斯今年53岁，是法国巴黎的一位流浪汉。

一天，丹尼斯像平常那样蜷缩在透风的立交桥下，裹着一件破棉袄哼唱着小调，这时，一位典雅而且端庄的富绰女士牵着那八岁儿子的手，从立交桥下走过，当她听到丹尼斯的哼唱声时，她停住了，静静地看着丹尼斯。

见有人正看着自己，丹尼斯觉得有些不自在，就站起身来准备离开。那位女士叫住他。从口袋里掏出两张100欧元的钞票，说："请你先不要离开，行吗？我稍后再过来，我们聊会儿音乐！"

"那好，我收下你的钱，等着你过来！"丹尼斯说。那位女士把儿子送到学校以后就来到了丹尼斯的身边，和丹尼斯一起聊起了音乐。

"你喜欢听布鲁尼的歌吗？"那位女士问他。

"你是说现在已经成为法国第一夫人的布鲁尼吗？说实话我不喜欢她的歌！我觉得她唱得不好，声音太低沉而且拖音太短暂，像是一个不会唱歌的人……"

在聊音乐的时候，丹尼斯隐隐觉得那位女士似乎很面熟，但一时半会儿又想不起来她究竟是谁。那位女士意犹未尽地站起来说："我该走了！非常感谢你陪我聊了这么多！"

"也非常感谢你，已经很多年没有人陪我聊过这么久的天！"丹尼斯说着把手中的钱递向那位女士说，"这是还给你的钱！"

"你为什么不收下？我说过这是给你作为陪我聊音乐的回报！"那位女士说。

"可是在我陪你聊音乐的同时，你也陪着我聊了，我怎么还能收你的钱呢？更何况你是在施舍一位流浪汉，而不是在向人购买商品，你完全不需要给我这么多钱！"

那位女士考虑了一会儿，最终还是收回了其中的一张钞票，在那一刻，两人同时露出了相互尊重的笑容。

第二天，当那位女士在把她的儿子送到学校里之后，再次来到了这个立交桥下面。她从口袋里掏出了一张CD递给丹尼斯。丹尼斯如获至宝般地接过来后，竟然发现上面有卡拉·布鲁尼的签名。

这时，丹尼斯朝那位女士看了又看，越来越觉得眼前的这位女士就是CD封面上的这个人。他先是惊讶，而后小心翼翼地问："难道你就是歌手，也是我们的第一夫人布鲁尼？"

"是我！"那位女士微笑着说，"很高兴你为我提了那么多的建议！"

丹尼斯怎么也没有想到，这位看上去似曾相识的女士竟然就是集歌手、超级名模、法国总统夫人于一身的卡拉·布鲁尼！后来，有人愿意出高价从丹尼斯手中买走那

张签名CD，但是都被他拒绝了。"你可以花钱买音乐，但你如何买友谊？"丹尼斯说。

有一次，布鲁尼在街头和流浪汉谈天的场景引起了法国一家媒体记者的注意，他希望能将此作为总统夫人的正面形象展开报道，但是布鲁尼拒绝了："这不是娱乐事件，更不是政治新闻，这只是一份没有身份之别的友谊！"

友情心语

每个人都有着自己的独立人格和自尊。丹尼斯虽然是个流浪汉，但他却把布鲁尼视为自己真正的朋友。在丹尼斯面前，那一百欧元远远比不上布鲁尼那张CD。送给他CD的人，在他心里也不再是第一夫人，而仅仅是一个与自己有着共同爱好的朋友。

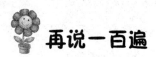

再说一百遍

那时候我们不过十六七岁，在一所名不见经传的医校读书。睡在我上铺的是一个姓陈的同学。因为肥胖，陈同学每次上下床的时候，总是将床铺弄得地动山摇。有一天晚上，在他又一次笨拙地向床上攀援时，我终于忍无可忍，冲他咆哮起来："你个猪，不能轻一点吗？"

我的同学立即停止了动作，整个人僵硬地落在地上。

他神态窘迫地扫视了寝室一圈，几个唯恐天下不乱的同学正在窃窃地坏笑。他随即向我侧过脸来，一脸狐疑地盯着我问："你刚才跟我说什么？"

　　我知道我说了一句粗话，"猪"的帽子怎可以扣在人的头上呢？但话又说回来，情急之下谁没有失言的时候啊！老实说，那句话一飞出口，我在心里就懊悔不迭了！可是，面对陈同学咄咄逼人的质问，我索性摆出一副泼皮的样子，我甚至故意清了清喉咙，字正腔圆地告诉他："你个猪，不能轻一点吗？"

　　我的话音未落，寝室里已经乱成一片，几个同学互相扮着鬼脸，似乎正在期待一场好戏的开演。与此同时，陈同学的脸候地涨成了猪肝色。在他寒气逼人的目光里，我的心猛然间变得拔凉拔凉的。我有一种不祥的预感，暴风雨就要来了！

　　"请你再说一遍！"陈同学吐出这句话时，完全是一副咬牙切齿的样子。似乎只要我再重复一遍那句粗俗之言，他就会将我眼前这个完整的世界愤然击碎。但在这样的时刻，在众目睽睽之下，我觉得自己已经毫无选择，我想我唯一能做的就是坚强地挺住。于是，我再次故作强硬地重复了一遍那句已让我悔之切切的粗话，同时下意识地捏紧了拳头。

　　"请你再说一百遍！"陈同学恶狠狠地吼叫起来。一刹那，所有的人都蒙了，我的思维也仿佛凝固了。不知过了多久，寝室里骤然爆发出一片大笑。那几个原本躲在

友谊中的满满幸福

角落里"观虎斗"的同学，一个个笑得前仰后合、东倒西歪。我也不知道哪根神经受到触动，也莫名其妙地跟着笑了起来。而那位尚还脸红脖子粗的陈同学，竟也情不自禁地咧开了嘴……

一场剑拔弩张的"战争"就这样夭折了。令人称奇的是，从那以后，我和陈同学竟然成了无话不谈的好兄弟。时光悠悠，一晃我们已经作别校园十多年了，当年睡在上铺的陈同学如今已在一所知名的医院里担任要职。回首往事，我常常无限感慨，"再说一百遍"，这样一句滑稽透顶的反击之言，挽狂澜于在即，化干戈为玉帛，这里面蕴藏着多少人生智慧啊！

 友 情 心 语

　　本来，"我"的一句恶语已经深深地伤害了"我"的同学，但是他却用一种看似愤怒的方式原谅了"我"的错误。这其中不仅看出了陈同学的机智、幽默，比幽默更重要的，是陈同学的忍让、宽容。

冬日的一缕阳光

第三辑

　　当你快乐的时候，有人跟你一起快乐；当你饱受挫折、苦难的时候，有人会在你身旁安慰、鼓励你；当你在生活的十字路口摇摆不定时，有人为你领路……这一切的一切，都是友谊。友谊能让人温暖，就像冬天受阳光的沐浴，从内心发自对友谊的诚挚。

沙漠里的两个朋友

有一则阿拉伯的传说：两个朋友在沙漠中旅行，旅途中他们为了一件小事争吵起来，其中一个还打了另一个一记耳光。

被打的人觉得深受屈辱，一个人走到帐篷外，一言不语地在沙子上写下："今天我的好朋友打了我一巴掌。"

他们继续往前走，一直走到一片绿洲，停下来饮水和洗澡。在河边，那个被打了一巴掌的人差点被淹死，幸好被朋友救起来了。

被救起之后，他拿了一把小剑在石头上刻下了："今天我的好朋友救了我一命。"他的朋友好奇地问道："为什么我打了你后，你要写在沙子上，而现在要刻在石头上呢？"

他笑着回答说："当被一个朋友伤害时，要写在易忘的地方，风会负责抹去它；相反，如果被帮助，我们要把它刻在心里的深处，那里任何风都不能磨灭它。"

友情心语

真正的朋友的伤害也许是无心的，帮助却是真心的，忘记那些无心的伤害，铭记那些对你的真心帮助，你将会发现这世上真心的朋友不断多起来。

无所求的情谊

西班牙著名画家毕加索逝世后，有关他的传记和回忆录出了很多，不少书说他专横、爱财、自私，甚至把他描写成"魔鬼"、"虐待狂"。然而，巴黎毕加索博物馆最近展出了理发师厄热尼奥·阿里亚斯的一些私人资料，呈现给观众的却是另外一个毕加索。

这位95岁的老人与毕加索的友谊持续了30年，他至今珍藏着对这位大师的美好回忆。毕加索约他一起看斗牛。

1945年的一天，一辆白色的小轿车突然在法国南部城市瓦洛里的一家理发店门口停下。有人摇下车窗探出脑袋叫了一声："阿里亚斯，我们来了！"这人正是毕加索，小城弗雷儒斯有斗牛比赛，毕加索邀请理发师一同去看。阿里亚斯打发走最后一名顾客，匆匆坐上汽车。

阿里亚斯1909年出生在距离西班牙马德里不远的布伊特拉戈村，在弗朗哥专制时期他逃到法国瓦洛里，靠理发为生。在那里，他与毕加索交上了朋友。毕加索比他大28岁，他视毕加索为"第二父亲"。

毕加索难得有空去看斗牛，所以那天心情格外好。他的钱包里塞满了钞票，他说这些钱是给斗牛场的工作人员准备的。比赛完了，他们会到饭馆里饱吃一顿，并给跑堂

的留下丰厚的小费。

阿里亚斯是毕加索家里的常客。在毕加索的画室里，阿里亚斯给他剪头发、刮胡子，所有这些都是在极其融洽的气氛中进行的，两人总有说不完的话。一天，毕加索发现阿里亚斯徒步而来，就送给他一辆小轿车。

阿里亚斯是画家名誉的坚定捍卫者，谁说毕加索的坏话他就跟谁急。阿里亚斯回忆说，毕加索来店里理发，其他顾客都起身对他说："大师，您先理。"但毕加索从来不愿享受这种特殊待遇。他认为毕加索非常慷慨。

有一次，当他听到有人说毕加索是"吝啬鬼"时，他怒不可遏，立即反驳说："对一个你并不熟悉的故人进行这种攻击是幼稚和卑鄙的，毕加索一生都在奉献和给予。"

随后，阿里亚斯举了很多例子。"毕加索的大型油画《战争与和平》是为瓦洛里的小教堂创作的，他还捐献了一件雕塑作品，是他为我们的城市添了生机。"阿里亚斯说，毕加索一共送给他50多幅作品，其中包括一幅妻子雅克琳的肖像画。

理发师将这些画都捐给了西班牙政府，并在家乡布伊特拉戈建了一个博物馆。博物馆中还陈列了一个放理发工具的盒子，上面有毕加索烙的一幅《斗牛图》和"赠给我的朋友阿里亚斯"的亲笔题词。

一位日本收藏家曾想购买这个盒子，他给了阿里亚斯一张空白银行支票，说数目他随便填。可收藏家没想到，他竟遭到了理发师的拒绝。阿里亚斯说："不论你用多少钱，都无法买走我对毕加索的友情和尊敬。"

毕加索去世，理发师失声痛哭，阿里亚斯还经常提到一件事：

1946年的某天上午，理发店里来了一位面容憔悴的顾客，他叫雅克·普雷维，是不久前从纳粹集中营放出来的。正好毕加索也来理发，普雷维卷起袖子让他看胳膊上烙的号码：186524。后来，普雷维也成了毕加索的好朋友，毕加索不仅给他钱，还让他去疗养院休养。当普雷维前来参观毕加索画室的时候，毕加索指着那些画对他说："只要你喜欢，你可以随便挑。"

毕加索一生从没给自己作过画。1973年4月7日，92岁的毕加索在雅克琳的陪同下，走到大厅的镜子前，说："明天，我开始画我自己。"谁也没有想到，第二天他就与世长辞了。阿里亚斯听到毕加索去世的消息，禁不住失声痛哭。

友情因无所求而深刻，不管彼此是平衡还是不平衡。友情是精神上的寄托。有时他并不需要太多的言语，只需要一份默契。

人的一生需要接触很多人，因此，有两个层次的友情。宽泛意义的友情和严格意义的友情，没有前者未免拘谨，没有后者难于深刻。

友谊中的满满幸福

友情心语

　　宽泛意义的友情是一个人全部履历的光明面，但不管多宽，都要警惕邪恶，防范虚伪，反对背叛；严格意义的友情是一个人终其一生所寻找的精神归宿。但在没有寻找到真正友情的时候，只能继续寻找，而不能随脚停驻。因此，我们不能轻言知己。一旦得到真正友情。我们要倍加珍惜。

 # 半个世纪的等待

　　那是1940年的冬天，在埃及的西迪巴拉尼小镇，意英之间有一场著名的战役。当英军占领了整个阵地，并从西面切断地中海沿线的公路时，意军便兵败如山倒了。胜利的英军正忙于清点数量庞大的战俘的时候，一个名叫约瑟夫的英军炊事班的小火夫，像往常一样前往驻地仓库准备食物。就在推开仓库大门的一刹那，约瑟夫看到在蔬菜架的后面有一个黑影艰难地躲闪了一下，然后就不动了。

　　走近之后，约瑟夫才发现那黑影是个穿着意军军服的少年，因为伤势严重和刚才的惊吓，已近昏迷。那一刻，约瑟夫十分犹豫。很显然，躺在自己面前的是敌军的一分子，理应报告上级，可这少年也将必死无疑。随着时间的推移，一种深深的怜悯油然而生，约瑟夫决定把这个少年先藏起来再说。

约瑟夫偷偷找来一些牛肉，熬制了一小锅浓汤喂那少年喝下。也许是年龄相近，再加上都会一点法语，他们俩渐渐熟悉起来。少年名叫艾维尼，来自意大利北部的伊夫尼亚镇，刚满十七岁就被迫参军作战，与他相依为命的父亲也被人杀害了。

艾维尼对约瑟夫说："你知道吗，就在我知道快死的那一刻，你喂我喝了一勺牛肉汤，那种又香又暖的感觉一下子把我拽了回来，让我想起了家乡，想起了父亲。"

在约瑟夫的帮助下，艾维尼在小镇的硝烟中藏了整整十四天。当驻军离开时，约瑟夫与艾维尼互留了家乡地址，他们相约如果能活到和平到来的那一天，一定互相走访，再叙友谊。

战争结束后约瑟夫回到了故乡，发现亲人早已离散，于是动身前往意大利寻找艾维尼。而在伊夫尼亚镇，他被告知艾维尼早已战死沙场。落寞中的约瑟夫突然作了一个决定，就留在这个小镇上，以卖牛肉汤为生。

转眼半个世纪过去了，约瑟夫携妻子回到英国故乡。在镇上最好的餐馆里用餐时，一位老人摇着轮椅来到他桌边，轻轻地问："您是本地人吗？您可参加过'二战'中的西迪巴拉尼战役？"约瑟夫有些不解地说："的确是这样，可您是怎么知道的呢？"

那老人显得有些激动了："您曾在那个埃及小镇上遇到过一个名叫艾维尼的意大利少年吗？"约瑟夫惊讶得

友谊中的满满幸福

一下子站了起来："难道你是……"老人点点头喃喃地说："五十多年了，我逃出西迪巴拉尼的路上被一颗炮弹炸断了双腿。抢救我的医务人员只在我身上找到写着你家乡地址的字条，所以当我再一次逃离死神后，发现自己已经被送到这里。我想这可能是上帝的安排吧，就留在这里开了一家餐馆，卖你曾经用来救我的牛肉汤。每一个前来用餐的客人都会被要求签名，而每一个与你同名的客人我都会亲自询问，这一问，居然就过去了五十年……"

　　一年后，约瑟夫和艾维尼一起在当年患难相交的埃及小镇开了一家牛肉汤餐馆，用这平凡温暖的食物来纪念他们跨越了半个世纪的友情，以及穿越了残酷战火硝烟的温暖人性。

友 情 心 语

　　半个世纪以前结交下的朋友之间，距离虽然拉开了，但是心却紧紧地连在了一起。一碗小小的牛肉汤，成为了这段友谊的见证。在这长达半个世纪的岁月中，他们一定经历了许许多多的人和事，但是却始终没有忘记对方。可见，真正的友谊是经得起时间的考验的。

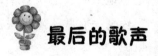

最后的歌声

　　在伦敦儿童医院这间小小的病室里，住着我的儿子艾德里安和其他六个孩子。艾德里安最小，只有四岁，最大的是十二岁的弗雷迪，其次是卡罗琳、伊丽莎白、约瑟夫、赫米尔、米丽雅姆·莎丽。

这些小病人，除了十岁的伊丽莎白，他们都是白血病的牺牲品，他们活不了多久了。伊丽莎白天真可爱，有一双蓝色的大眼睛，一头闪闪发亮的金发，人们都很喜欢她。同时，又对她满怀真挚的同情：原来伊丽莎白的耳朵后面做了一次复杂的手术，再过大约一个月，听力就会完全消失，再也听不见声音。

伊丽莎白热爱音乐，热爱唱歌。她的歌声甜美舒缓、婉转动听，显示出在音乐上的超常天赋，而这些将令她失去听力的前景更加悲惨。不过，在同伴们面前，她从不唉声叹气，只是偶尔地，当她以为没人看见她时，沉默的泪水才会渐渐地充满她的眼眶，缓缓流过她苍白的脸蛋。

伊丽莎白热爱音乐胜过一切。她是那么喜欢听人唱歌，就像喜欢自己演唱一样。那段时间，每当我去看望儿子时，她总是示意我去儿童游戏室。经过一天的活动，空荡荡的游戏室显得格外安静。伊丽莎白坐在一张宽大的椅子上，紧紧拉着我的手，声音颤抖地恳求："给我唱首歌吧！"

我怎么忍心拒绝这样的请求呢？我们面对面坐着，她能够看见我嘴唇的开合，我尽可能准确地唱上两首歌。她着迷似的听着，脸上透着专注喜悦的神情。我唱完，她就在我的额头上亲吻一下，表示感谢。

小伙伴们也为伊丽莎白的境况深感不安，他们决定要做一些事情使她快乐。在十二岁的弗雷迪倡议下，孩子们作出了一个决定，并带着这个决定去见他们认识的朋友柯尔比护士阿姨。

最初，柯尔比护士听了他们的打算吃了一惊："你们想为伊丽莎白的十一岁生日举行一次音乐会？而且只有三周时间准备！你们是发疯了吗？"这时，她看见了孩子们渴望的神情，不由得被感动了，便想了想，补充道："你们真是全疯啦！不过，让我来帮助你们吧！"

柯尔比护士一下班就乘出租车去了一所音乐学校，拜访老朋友玛丽·约瑟芬修女，她是音乐和唱诗班教师。在柯尔比含泪的叙说中，玛丽·约瑟芬马上答应了她的请求：每天免费教孩子们唱歌。这一切当然是在伊丽莎白接受治疗的时候。

在玛丽·约瑟芬修女娴熟的指导下，孩子们唱歌进步神速。然而每当其他孩子全都安排在各自唱歌的位置上时，玛丽注意到动过手术、再也不能使用声带的约瑟夫却总是神色悲哀地望着她，这令她十分心酸。

终于有一天，玛丽说："约瑟夫，你过来，坐在我的身边，我弹钢琴，你翻乐谱，好吗？"一阵惊愕的沉默之后。约瑟夫的两眼炯炯发光，随即喜悦的泪水夺眶而出。他迅速在纸上写下一行字："修女阿姨，我不会识谱。"

玛丽低下头微笑地看着这个失望的小男孩，向他保证："约瑟夫，不要担心，你一定能识谱的。"

真是不可思议，仅仅三周时间，玛丽修女和柯尔比护士就把六个身患重病的孩子组成了一个优秀的合唱队，尽管他们中没有一个人具有出色的音乐才能，就连那个既不能唱歌也不能说话的小男孩也变成了一个信心十足的翻乐谱者。

同样出色的是，这个秘密保守得也十分成功。在伊丽莎白生日的这天下午，当她被领进医院的小教堂里，坐在一个"宝座"上（手摇车里）时，她的惊奇显而易见。激动使她苍白、漂亮的面庞涨得绯红。她身体前倾，一动不动，聚精会神地听着。

尽管所有听众——伊丽莎白、十位父母和三位护士——坐在仅离舞台三米远的地方，我们仍然难以清晰地看见每个孩子的面孔，因为泪水模糊了我们的眼睛。但是，我们仍能毫不费力地听见他们的歌唱。在演出开始前，玛丽告诉孩子们："你们知道，伊丽莎白的听力已是非常非常的微弱，因此，你们必须尽力大声地唱。"

音乐会获得了成功，伊丽莎白欣喜若狂，一阵浓浓的、娇媚的红晕飘荡在她苍白的小脸上，眼里闪耀出奇异的光彩。她大声地说，这是她最最快乐、最最快乐的生日！合唱队十分自豪地欢呼起来，乐得又蹦又跳的约瑟夫眉飞色舞、喜悦异常。而这时候，我们这些女人们流的眼泪更多。

如今，幼稚的歌喉已经静默多年，合唱队的成员正在地下长眠，但我敢保证，那个已经结婚、有了一个金发碧眼女儿的伊丽莎白，在她的记忆里，仍然能够听见那幼稚

友谊中的满满幸福

的声音、欢乐的声音、生命的声音、给人力量的声音。因为那是她此生曾经听见过的最后最美的声音啊！

 ## 总裁和门卫

　　一个是电脑公司的总裁米先生，一个是公司大厦的看门人波比，他们两个提出要交换心脏，并且因为医生拒绝手术而向法院提出申请，要求法院颁令强制医生执行。

　　其实故事发生于五年前，那时波比还是一个流浪汉。在一个下雪天，米先生见到他，没有给他钱，却带他去喝了一顿热汤。那是他们第一次交谈，说起足球，说起往事，原来他们在高中时曾参加过同一场球赛。

　　从那一天起他们真正成了朋友。米先生介绍波比进了自己的公司做门卫，并没有刻意照顾，不过是让他做力所能及的工作。唯一与其他员工不同的是，每个星期三，他们仍会相聚，共进一顿午餐。整整五年，周周如此。直到一个月前米先生因为心脏病而失约，波比才知道他的老朋友的心脏岌岌可危，随时都会停跳，即使给予最好的医药治疗，也最多可维持两三年。于是，他提出来要与朋友交换心脏。

老波比向法庭陈述了自己的理由："他有家庭，还有整个公司上千人在等他开工吃饭；而我无家无业，无儿无女。他的价值远大于我。"

律师问："如果你是总裁而他是门卫，你还会愿意跟他交换心脏吗？""不，如果我是总裁，未必会带他在寒天喝热汤。"老波比说，"五年中，他曾经给予我很多，而我唯一能给予他的就是，友谊与我健康的心脏。"

然而没有人愿意相信这友谊是真实的，这恰恰是因为他们的身份太不对等了，人生的价值也太悬殊。律师因此认为有理由质疑米先生在这场交往中的获益——除了那心脏——倘若不是为了换心，那么他最初与一个流浪汉的循序渐进的友谊到底意义何在？

米先生回答："在我的周围，人人视我为老板，但是没有人肯与我推心置腹，当我是朋友。只有他，波比，他从不奉承我，固执己见，稍不如意就对我暴跳如雷，但他却真正当我是朋友。"

法官最终还是宣布他们败诉——基于众生平等的无上原则，没有一条法律可以强制要求以一个生命的结束来换取另一个生命的延续。

老波比十分沮丧，米先生却淡然地说："我早知道是这样的结局。我知道法庭根本不可能颁布这样的强制令，我也根本不会接受你换心的要求。可是我知道，如果不让你出庭，你无论如何都不会甘心的。"

波比惊愕道："你答应出庭只是为了让我说出那些慷慨激昂的话，让我当一回英雄？"

米先生答："不，是你令我成为英雄。这样，我以后就可以无比骄傲地告诉儿女，不要以我的成功和职衔炫耀，而应该引以为豪的是：你们的父亲，曾经拥有一个像老波比这样的朋友。人人都说为友谊能两肋插刀，然而只有他真正做到，他竟然愿意把自己的心脏给我。"

友情心语

总裁和门卫，之所以能成为真正的朋友，是他们体会到了友谊的真谛。一个不是高高在上反而平易近人；另一个从不趋炎附势，而在关键的时候肯向对方施予力所能及的帮助。这样的一对朋友之间的情谊，是对真诚最好的诠释。

第五枚戒指

扎西19岁那年，好不容易找到了一份珠宝行售货员的工作。这份工作对她来说，太重要了。那时，正赶上经济太萧条，一个职位会有上百的失业者争夺。有了工作，家里也就有了指望。扎西的父亲五年前因病去世，母亲失业在家。

能到珠宝行工作，还得感谢好朋友凯斯，凯斯是那家珠宝行的点货员，是他向老板推荐扎西，扎西才有机会进去。扎西在珠宝行的一楼工作，干得很卖力。第一周，她受到领班的称赞。第二周，就被破例调往楼上工作。

珠宝行的二楼，是商场的心脏，专营珍宝和高级饰物。整层楼排着气派的展品橱窗，另外，还有两个专门供客人挑选珠宝的小房子。扎西的职业是管理商品，在经理室外帮忙和接听电话。扎西热情、敏捷，完全能适应这份工作。

圣诞节临近了，珠宝行的工作日益紧张。那天，扎西冒雨赶到店里，全店的人都在忙碌地工作着。不一会儿，小屋子里打来要货电话，扎西忙着到橱窗的最里边取珠宝。当她急急忙忙往外挪时，不小心衣袖碰掉了一个碟子，里面装的五枚精美绝伦的钻石戒指一下子滚落到地上，稀里哗啦东一个西一个的。经理匆匆忙忙地赶来，并没有发火，而是对扎西说："快捡起来，放回碟子。"

扎西用近乎狂乱的速度捡回了四枚戒指，怎么也找不到第五枚。扎西细细搜寻了橱窗的每一个角落，依然没能找到。扎西哭了，她心里很清楚，找不到戒指意味着什

么。跌落戒指是很糟糕的事情，但终归会忘掉，若是丢掉一枚，那是难以想象的！店里来来往往的顾客，让她对找到第五枚戒指彻底失去了信心。扎西呆呆坐在地上，痛哭流涕，她想到了母亲，一个家就让她这么毁了。

扎西当天便离开了珠宝行，一个人在大街上游荡。没想到，第二天凯斯到她家告诉她说，戒指已经找到了，夹在了橱窗的缝隙里，老板说可以回去上班了。扎西简直不敢相信自己的耳朵，一下子变了个人似的。

再次上班，扎西更小心谨慎，经常得到领导的表扬。凯斯在一楼工作，他的工作是接货送货。以前上班的时间里，两人来往不多，下班的时间里，才会在一起说说话。

自从扎西再次上班后，就很少能看到凯斯了。他告诉扎西说，他每天要提前下班，回去照顾母亲。扎西知道他是个善良的人，他的话应该是真的，也就没放在心上。

很快到了年底，在珠宝行进行年底大盘点的前一天，老板给员工发工资。那天，凯斯没有到珠宝行上班。

一年来，凯斯看上去越来越忙碌，越来越消瘦，作为朋友，扎西用自己的工资买了些礼物，在没有通知凯斯的情况下，到了凯斯家。凯斯不在家。见到扎西，凯斯的父母先是一惊，待扎西说自己是凯斯的朋友时，凯斯的母亲便哭着向扎西大倒苦水，说："凯斯这一年来，没有休息过一天，我心疼他，可也没办法啊。他说和他一起工作的一位女孩弄丢了一枚钻石戒指，如果不帮助她的话，她的一生和整个家庭就要毁了。

　　他看不过去，就瞒着人家，和老板私下签了协议，钻石戒指由他来赔偿。你看我这家，就他那点工资，还要养活一个家，能赔得起吗？他只好用下班时间在一家小店里打工。"说着说着，老人已经泣不成声，扎西早已泪流满面。

　　第二天，珠宝行要进行大盘点，各种展柜都要重新布置。一大早，扎西就来到了珠宝行，她要当面向凯斯和老板问个清楚。凯斯和老板没有准时到，扎西站在自己负责的展位旁，想到一年前的那一幕，眼睛就模糊了。扎西小心翼翼地挪动着自己负责的展柜，没几分钟，一声清脆的响声让扎西浑身一颤，这声音就是一年前钻石撞击地板的声音。扎西急忙趴到地板上四处找寻，猛然发现一枚亮晶晶的钻石戒指立在两块展柜的缝隙间。

61

　　扎西兴奋地用颤抖的双手捧起那枚戒指，大叫道："找到了，找到了！"一边哭叫着一边往楼下跑，整个珠宝行的人都惊呆了。这时凯斯已经在楼下，两人相拥而泣，久久没能说话。

　　当晚，扎西便去祭拜去世的父亲，跪在父亲的墓碑前，扎西脑海中浮现了父亲临死前对她说的一番话："在这个世界上，不管遭遇什么样的困境，你要相信，大多数的人是心地善良的，你要做个好人，好好活下去，并用真情回报别人……"

友谊中的满满幸福

最后一块钱

　　卡姆是我童年的朋友，我们俩都喜爱音乐。卡姆如今是一位成功人士。

　　卡姆说，他也有过穷困潦倒只剩一块钱的时候，而恰恰是从那时开始，他的命运有了奇迹般的转变。

　　故事得从20世纪70年代初说起。那时卡姆是得克萨斯州麦金莱市KYAL电台的流行音乐节目主持人，结识了不少乡村音乐明星，并常陪电台老板坐公司的飞机到当地的音乐中心纳什维尔市去看他们演出。

　　一天晚上，卡姆在纳什维尔市赖曼大礼堂观赏著名的OLEOPRY乐团的终场演出——第二天他们就要离去了。演出结束后，一位熟人邀他到后台与全体OPRY明星见面。"我那时找不到纸请他们签名，只好掏出了一块钱，"卡姆告诉我，"到散场时，我获得了每一位歌手的亲笔签名。我小心翼翼地保存着这一块钱，总在身上带着，并决心永远珍藏。"

后来，KYAL电台因经营不善而出售，许多雇员一夜之间失了业。卡姆在沃思堡WBAP电台好不容易找了个晚上值班的临工，等待以后有机会再转为正式员工。

一天早晨，卡姆从电台下班，在停车场看到一辆破旧的黄色道奇车，里面坐着一个年轻人。卡姆向他摇摇手，开车走了。晚上他上班时，注意到那辆车还停在原地。几天后，他恍然大悟：车中的老兄虽然每次看见他都友好地招手，但似乎没有从车里出来过。在这寒冷刺骨的下雪天，他接连三天坐在那里干什么？

63

答案第二天有了：当他走近黄色道奇时，那个男人摇下了窗玻璃，卡姆回忆："他作了自我介绍，说他待在车里已好几天了——没有一分钱，也没有吃过一餐饭；他是从外地来沃思堡应聘一个工作的，不料比约定的日子早了三天，不能马上去上班。

"他非常窘迫地问我能否借给他一块钱吃顿便餐，以便挨过这一天——明天一早，他就可以去上班并预支一笔薪水了。我没有钱借给他——连汽油也只够勉强开到家。我解释了自己的处境，转身走开，心里满怀歉疚。"

就在这时，卡姆想起了他那有歌手签名的一块钱，内心激烈斗争一两分钟后，他掏出钱包，对那块纸币最后凝视了一会儿，返回那人面前，递了给他。"好像有人在上面写了字。"那男子说，但他没认出那些字是十几个签名，装进了口袋。

"就在同一个早晨，当我回到家，竭力忘掉所做的这件'傻事'时，命运开始对我微笑，"卡姆告诉我，"电话铃响了，达拉斯市一家录制室邀请我制作一个商业广告，报酬500美元——当时在我耳里就像100万。我急忙赶到那里，干净利落地完成了那活儿。随后几天里，更多的机会从天而降，接连不断。很快，我就摆脱困境，东山再起了。"

后来的发展已尽人皆知，卡姆不管是家庭还是事业都春风得意：妻子生了儿子；他创业成功，当了老板；在乡村地区建了别墅。而这一切，都是从停车场那天早晨他送出最后一块钱开始的。卡姆以后再没见过那个坐破旧黄龟道奇车的男子，有时不禁遐想：他到底是一个乞丐呢，还是一个天使？

这都无关紧要，重要的是：这是对人性的一场考验，而卡姆通过了。

 友情心语

一个富有的人，能与自己的朋友分享财富，这让人钦佩。但是如果一个一贫如洗的人，能把自己生活的最后一点希望留给别人，除了让人钦佩以外，更多的是让人感动。尽管卡姆的成功可能是一个奇迹，但是有真诚之心的人能得到别人回报，这是必然的。

青春岁月里的过客

那年，我从安徽老家到上海的桩基工程队做小工。

我们的机器驻扎在龙吴路一个工地上，迟迟没有开工，我被滞留在工地上。在那些前途未卜的日子里，雨下个不停，像所有彷徨难堪的人滔滔不绝的眼泪，淹没了我二十四岁的夏天。唯一幸运的是，身边的工友对我很好。

他们都是来自五湖四海的农民工。他们关照、善待了我这个刚来到这里的新手，见组长安排给我的活没有干完，他们不曾袖手旁观，而是跑过来不声不响地帮忙，直到完成了才一道离开工地下班。

我吃不惯工地饭堂里的饭菜，碗里的米饭飘荡着霉烂味，盆里的菜像煮猪食一般少油缺盐。工地上的活需要重体力一次次来完成，还不到下班时间，肚子就饿得咕咕叫。待到下班，两条腿像捆绑着铅块，已经饿得头晕眼花，有气无力了。但自己身上没钱，只得忍着。

慢慢地，好心的工友们发现了我的困境，便隔三差五地请我吃夜宵，有时候是一个馒头，有时候是一碗馄饨。热气腾腾的大排档、温热的食物，是我生命的深渊里最明媚的阳光。为了顾及我的自尊，工友们总说等我发了工资要狠狠地吃我一顿，但直到我离开，他们对请客的事也只

字不提。

他们的家里都是有老有小，每月那么一点工资差不多都寄回家里了。他们帮助我时，没有半点施恩者的姿态，只是心疼面黄肌瘦的我，疼惜落魄的我。因为平时爱写文章的缘故，他们把我这个普通的打工者视为他们当中最有文化的人，无私地关心我、爱护我。

有一次，我病了，烧得昏沉沉的，说着胡话。半夜的时候，大家被一天疲劳整得倒头就睡着了。邻铺的四川工友老肖发现了我的情况，二话没说，从床上爬起来，背着我跑三里多路去看医生，帮我出医药费。为此，他耽搁了两天没有出工，直到我病愈后陪我回来。这一份的真情，我一辈子都会铭记着。

我的文章被一家报社领导所欣赏。他主动联系我，让我到他们报社当编辑。当我接到那家报社的邀请函时，我的泪水止不住簌簌落下。

临走前，我忍住眼泪说："我一定会回来看你们的。"那时，我还不明白，生命中有一些人，叫做过客。

我再次去上海的时候，是离开后的三年，参加一个文学沙龙聚会。我特地跑到龙吴路的那个工地。昔日的工地已经是拔地而起的高楼大厦了，当初的痕迹已经荡然无存。那些善良的工友们，像城市里的候鸟，不知迁徙到何方，也不知道散落在城市的哪个角落了。

那些镌刻在青春岁月里的过客，是一本本博大精深的书，我将用永生永世的时间去阅读、去体味、去思索……

友谊需要时间的积累，但比时间更重要的是一颗真诚的心。"我"与工友们相处的时光虽然是短暂的，但他们成了"我"心底永远的怀念。因为他们善良、淳朴，是他们告诉我人与人之间真情尚在。

友谊在利益面前

　　大学毕业后的第一个元旦前，我收到一封来自远方的书信。信封上的字迹是那样熟悉，我一下就判断出写信人是谁。拆开信，一行行滚烫的文字跳进我眼里，但却像一把把利刃插进我心窝。信中最后一句话尤其让我心痛，心痛于这位同窗的虚伪，友情的脆弱，在利益面前的脆弱！

　　我和诚子都来自皖北农村，能进入大学学习完全凭借自己出类拔萃的学习成绩。然而，优异的学习成绩在大学同学眼里似乎并不值得艳羡，他们大都着意于家庭背景和经济实力方面的对比。父母做官者，摇头摆尾、官气十足；父母经商者，千金买笑、放荡不羁。相比之下，我和诚子这样家庭境况惨淡的农家子弟就显得寒酸和卑微。我和诚子是上下床铺，心灵的距离则更近。要说我们是难兄难弟未免有些夸张，但我们至少是同病相怜的。不过，后来发生的一件事让我对友谊有了深层次的看法。

67

友谊中的满满幸福

事情是这样的：有一天，诚子找到我，说想给我介绍一处家教，月薪可达一百元呢。一百元，对我来说是个不小的数目。我的父母都是面朝黄土背朝天、土里刨食的农民，我们兄弟姐妹一大堆，几乎都在上学，祖父母又年老多病，家里的经济状况可想而知。我一直渴望能利用课余时间打点零工挣些钱来缓解父母的经济压力。如此看来，诚子总算还想着我，也许他并不是我想象的、把友谊看得一文不值的人。我突然有些感动，一下忘记了他以前的不好。

我带家教后没几天，班主任把我和诚子单独叫到办公室，向我们透露了一个重要信息："国家下拨了一部分贫困生助学金，咱们班只分到一个名额！你们俩是班里最贫困的学生，这个名额理所当然要从你们两人中诞生！"诚子看看班主任，又看看我。我几乎未加思索地向班主任表了态："把这笔助学金给诚子吧，他比我更困难！"诚子也很客气："还是给你吧，虽然你带了一个家教，有了点收入，但生活比以前好不了多少！"我想不通诚子为什么这个时候提什么家教，莫非他在暗示我：喂，别忘了，你带的家教可是我费心费力帮你找的！你欠我一个人情呢！

我不想欠这样一个人情，于是，再次表态：我放弃对这笔助学金的竞争，把这个机会留给诚子。班主任似乎有些举棋不定，最后说："要是有两个名额就好了，这样吧，我的意思是，你们不管谁拿到了助学金都要酌情拨给对方点儿！毕竟，你们的家庭条件都差不多！"诚子点点头，我也没说什么。

元旦前的一天，诚子领到了那笔助学金，我不知道他领到多少，只知道他偷偷把一张购物卡夹在了班主任的日记簿里。班主任也没再提让诚子拨给我点助学金的事，不知是他工作繁忙把这事忘掉了还是那张购物卡封了他的嘴。

学期临结束的时候，我所带家教的那户主人给我结账，是按每月一百二十元工资给我的，我颇受感动，说："早先定好是每月一百元工资的，我怎么好意思多拿您的钱呢？"主人一脸鄙夷地对我说："你有所不知，工资本来就是每月一百二！你的那个同学中间拿了一部分，能看得出来，对自己没好处的事他是不干的！金钱让不少人摈弃了一切！你风里来雨里去跑那么远的路辅导我的孩子，十分辛苦，我不能亏待你！"我一下子惊呆了，一种被欺骗的感觉袭上心头。

69

友谊，蒙着虚伪面纱的友谊，在利益面前显得是那样苍白无力！我本打算戳穿诚子，可转念又想：或许他并不坏，实在是被贫穷逼疯了！带着这种理解和包容，我和他仍是同桌、仍是上下床铺，但，我和他的心灵越走越远。

毕业那天，天上的云在哭泣。诚子告诉我，他要去南方了，而且郑重承诺：倘若有一天自己发达了，绝不会忘记我！他的眼里噙满了泪水，最后泣不成声了："你是，你是我一生中最好的朋友，咱们是，是真哥们！"我无言，心乱如麻。诚子突然握住我的手，我吓了一跳。他惊问我："大热的天，你的手怎么这样凉？"我真想告诉他我的心比手还要凉，可我终未说出口，因为离愁已经够让

友谊中的满满幸福

人伤感的了，云在哭泣。

握着这封冰凉的信，我禁不住仰天大笑：问世间情为何物？

 友情心语

假如你也曾遇到过这样的友谊，不要为此落泪。因为真正的友谊是不为一切所动，可以为朋友牺牲一切的力量。金钱是无法与之抗衡的。那些抵挡不住金钱的诱惑，为了自己的利益，当面一套，背后一套的朋友，是不值得我们去珍惜的。

生命的最后一支歌

清晨的公园里，一个患有癌症的男孩在轻声歌唱，他歌唱生命。尽管他剩下的时间不多了，但他不自卑，他不相信世上存在着永恒。他认为没有一样东西是永恒的，生命，也是一样的。"人总是要死的！"他常常自我安慰。

公园的那头，有一个美丽的女孩正如飘落的桃花般翩翩起舞。

这天，男孩无聊地在闲逛。忽然他闻到一阵喷鼻的花香，这花香吸引着他来到了一棵桃花树下，也看到了那女孩——她正在跳舞。男孩没打断她，一直在旁边静静地等她跳完。"你跳得真好，如你身后的桃花。""谢谢！"女孩羞答答抬起头说道。

这时，男孩看清了她的脸：一张美丽的面孔上镶着两颗无神的眼睛。男孩大吃一惊："你是盲人？"这句话一出口，男孩就后悔了，他知道他说了一句不该说的话。"哦……对不起，我不是有意的。""没事。"女孩似乎很轻松。

……就这样，他们认识了。

他们相约在夕阳的黄昏来到了这儿，男孩歌唱，女孩伴舞。

像这样过了很久，直到那一天。

"桃花真美，像你一样。"男孩无意中说道。"可惜我看不到。"女孩说着低下了头。"对不起。"男孩的心如一阵刀绞的痛，他知道他又一次刺痛了女孩的心，尽管她不在意。一种强烈的欲望从男孩心中升起……

 71

过了几天，女孩兴奋地告诉男孩，有人愿意献出视网膜了，她将看见光明，看见这美丽的花花世界了。男孩由衷地笑了。女孩哪里知道，那一对视网膜是男孩献出来的。

这一天的黄昏似乎更早到来，男孩对女孩说了很多："曾经我不相信永恒，但我现在明白世上存在永恒，那便是友情。我要走了，永远都不回来了，我将永远地珍藏我们的友谊。"女孩哭了。说完男孩唱起了生命里的最后一支歌，女孩依旧为他伴舞，但是带着一串泪珠……

友谊中的满满幸福

他还是走了，走得那么轻松，没有遗憾，他把他生命里的最后一支歌献给了她，他无悔。

女孩的手术成功，她看见了万物，也知道了真相。她来到了公园，奇怪的是今年的桃花没有开。

女孩的眼眶模糊了，一滴泪从她的脸颊落下，夕阳中，她似乎听见了男孩唱起的那一支歌……

友情心语

共同的爱好，让他们的心与心之间没有了距离。这个男孩的生命虽然短暂，却留给了女孩一生的感动。是他，点亮了她今后的人生，也是他，在生命的最后一刻，在那短暂的时光中，用真心诠释了友情的含义。

心与心的契合

第四辑

　　多少笑声都是友谊唤起的，多少眼泪都是友谊揩干的。友谊的港湾温情脉脉，友谊的清风灌满征帆。友谊不是感情的投资，它不需要股息和分红，只需要心与心的契合。

 ## 淳朴真挚的友情

傍晚，一只羊独自在山坡上玩儿，突然从树木中窜出一只狼来，要吃羊，羊跳起来，拼命用角抵抗，并大声向朋友们求救。

牛在树丛中向这个地方望了一眼，发现是狼，跑走了；

马低头一看，发现是狼，一溜烟跑了；

驴停下脚步，发现是狼，悄悄溜下山坡；

猪经过这里，发现是狼，冲下山坡；

兔子一听，更是箭一般离去。

山下的狗听见羊的呼喊，急忙奔上坡来，从草丛中闪出，一下咬住了狼的脖子，狼疼得直叫唤，趁狗换气时，仓皇逃走了。

回到家，朋友都来了。

牛说：你怎么不告诉我？我的角可以剜出狼的肠子。

马说：你怎么不告诉我？我的蹄子能踢碎狼的脑袋。

驴说：你怎么不告诉我？我一声吼叫，吓破狼的胆。

猪说：你怎么不告诉我？我用嘴一拱，就让它摔下山去。

兔子说：你怎么不告诉我？我跑得快，可以传信呀。

在这闹嚷嚷的一群中，唯独没有狗。

真正的友谊，不是花言巧语，而是关键时候拉你的那只手。那些整日围在你身边，让你有些许小欢喜的朋友，不一定是真正的朋友。而那些看似远离，实际上时刻关注着你的人，在你快乐的时候，不去奉承你；你在你需要的时候，默默为你做事的人，才是真正的朋友。

真正的友情，都是建立在平等基础之上的，互相尊重、信任、理解。友情之树，同样也需要双方彼此呵护、扶植、浇灌、修剪、调整。有时，还需为之作出些让步、付出。朋友间的友谊，很少是一见钟情产生的，而是岁月慢慢"煨"出来的。从淡淡地相识，然后才慢慢地知心。这样的友谊，就如酒，时间越长，就越香醇。

友情心语

拥有真正的友情，就拥有了阳光，拥有了完整亮丽的人生。在当今红尘滚滚、物欲横流的社会里，拥有一份纯朴真挚的友情非常难得。百金易得，挚友难求，我们应当珍惜已经拥有的友情！友谊之花常开不谢。

维利的幸运抽奖

考特公司的年庆活动中有一个传统的抽奖游戏叫"幸运波多黎各"。参与活动的员工，每人拿出十美元作为奖

友谊中的满满幸福

金，并把自己的名字写在小纸条上放进一个空玻璃缸里，再由嘉宾从里面摸出一个幸运者的名字，被抽中的人就可以用这笔奖金在波多黎各享受两周的假期。

今年的庆祝会如期举行，唯一不同的是，今天是看门人维利·琼斯退休的日子，他已经在公司当了四十多年的门卫了。他患有小儿麻痹症，但性格很开朗。上下班的时候，人们都能看见老维利在轮椅上微笑招手。想到这次将是维利最后一次参加新年庆祝会，大家心里不免有些失落。

庆祝会快结束的时候，主持人让迈克上台负责摸字条。迈克把手伸进玻璃缸，在一群小纸团中间摸索了半天。因为在刚才写字条的时候，他没有写自己的名字，而是写上了"维利·琼斯"，希望能给这个可爱的老人多一份机会。最后，迈克拣出一个跟他的纸团手感最接近的纸团递给主持人。主持人展开字条，大声念出上面的名字："维利·琼斯！"

迈克简直不相信自己的耳朵，没想到摸到的果真是自己的字条，实在太幸运了。这时台下也一片欢呼雀跃，全体员工都拥向维利，大声祝贺他，跟他握手拥抱。每个人都异常兴奋，比他们自己中了奖还高兴。

迈克突然意识到了什么，把手再次伸进玻璃缸，悄悄抓出四五个小纸团，展开以后，发现每张字条上都有不同的笔迹，但却写着同一个名字——"维利·琼斯"。

迈克终于明白大家为什么这么开心，每个人都以为自己的字条被抽中了。得到免费旅游固然值得高兴，但能送给维利一个惊喜更令人激动。

友情心语

　　没有事先约定，结果却是惊人的一致。那一张张写好的字条，其实就是大家对维利·琼斯的一片爱心。它的力量是巨大的。有爱心的人，常常能够为了他人而放弃自己的心爱的东西，将其赠与他人，要比自己得到更令他们欣慰。

一堆营火

　　那男子在深夜里偶然遇到了约翰燃起的营火，他看起来又冷又累，约翰知道他的感受如何。约翰自己正在旅途中，他离开家出去寻找工作已经一个月了，他要赚钱寄给正衣食无着的家人。

　　约翰以为这人不过是一个和自己一样，因经济不景气而潦倒的人。或许这人就像他一样，不断地偷搭载货的火车，想找份工作。

　　约翰邀请这位陌生人来分享他燃起的营火，这人点点头向约翰表示感谢，然后在火堆旁躺了下来。

　　起风了，令人战栗的寒风。那人开始颤抖，其实他躺

友谊中的满满幸福

在离火很近的地方。约翰知道这人单薄的夹克无法御寒，所以约翰带他到附近的火车调车场，他们发现了一个空的货车车厢，就爬了进去。这车厢的木地板又硬又不舒服，但至少车厢里刮不进风。

过了一会儿，那人不抖了，他开始和约翰说话，说他不应该在这里，说家里有柔软舒适的大床，床上有温暖的毯子等着他，他的房子有20个房间。

约翰为那人感到难过，因为他杜撰温暖、美好的幻想中的生活。但处在这样艰难的境地，幻想是可以原谅的，所以约翰耐心地听着。

那人从约翰的表情中知道他并不相信他的故事，"我不是无家可归的流浪汉。"他说。

或许那人曾经富有过，约翰想着。他的夹克，现在是又脏又破，不过也许曾经是昂贵的。

那人又开始发抖了，冷风吹得更猛了，从货车厢的木板缝隙里钻进来。约翰想带那人寻找更温暖的过夜的地方，但当他把车厢门拉开，向外看时，除了飞扬的雪花外，什么也看不见。

离开车厢太危险了，约翰又坐下来，耳畔是呼呼的风声。那人躺在车厢的角落里，颤抖使他无法入眠。当约翰看着那人时，他想起妻子和三个儿子。当他离开家时，家里的暖气已经停止供暖了。他们是否也和这人一样在颤抖着呢？约翰仿佛看到自己的妻子和儿子也在那里，同那陌生人一样在颤抖，他也看到他自己，以及所有其他自己认识的、无钱照料自己家人的朋友们。

约翰想要脱下自己的外套，把它盖在陌生人的身上，但他努力尝试从心中摆脱这样的念头。他知道他的外套是他仅有的可以让他不至于冻死的"救命稻草"。

然而他仍在那陌生人的身上看到他的家人的影子，他无法摆脱给那人盖上自己衣服的念头。风在车厢的四周怒吼着，约翰脱下他的外套，盖在那人身上，然后在他身旁躺下。

约翰等待着暴风雪过去的同时，一阵阵寒意侵入他的体内。过了一会儿，他不再觉得冷了。起先，他还很享受那股温暖。但是，当他的手指无法动弹时，他才知道他的身体正被冻僵。一阵白色的薄雾升上他的心头，意识渐渐模糊。终于，他进入奇特而舒适的睡梦中……

当那人醒来的时候，他看到约翰躺着不动。他担心约翰已经死了，他开始摇他。"你还好吗？"那人问，"你的家人住在哪里？我可以打电话给谁？"

约翰的眼前罩着雾气。他想要回答，但嘴巴却说不出话。

那人寻遍约翰的口袋，终于找到了约翰的皮夹。打开来，他找到约翰的姓名、地址和他家人的相片。

"我去找人帮忙。"他说。那人打开车厢门，阳光照进车厢里。那人走远了，约翰隐隐地听到他踩过新雪的声音。

约翰孤独地躺在车厢里，睡睡醒醒。他的手、脚和鼻

友谊中的满满幸福

子都冻伤了。不过那个人把约翰的外套留了下来，外套让约翰渐渐暖和过来。火车开始移动，不知道时间过去了多久，火车的摇晃把他惊醒了。

火车停了，火车站的工作人员发现他躺在车厢里，就把他带到了附近的医院。

冻伤使他的鼻子受损，也使他失去了手指尖和脚趾尖。但更深的痛苦却是他失去了尊严。他怎么能带着医院的账单回家去，而不是带着薪水回去，给家人的餐桌带点食物呢？

他为一个陌生人舍弃他的外套；他冒着生命危险，只为让另一个人能活下去。而他的妻子和三个孩子现在却必须为他的行为受苦。但是他也不会作出别的选择，他这么对自己说。

感觉对不起家人，他痊愈后，过了一个多星期还不敢打电话给妻子。一个星期日的早晨，他终于忍受不了煎熬，拨通了家里的电话。他的妻子听到他的声音激动得不得了。她告诉约翰前些天发生的一件不寻常的事，她说，来了一位陌生人，把一张四万元的支票放在她的手里。那人要她让孩子们吃饱、穿暖。约翰听到这些，明白为什么自己要把外套给陌生人。他清楚地看见了人与人之间的关系。

"约翰，你认识这个人吗？"妻子问。"是的，"他回答，"我们共享过一堆营火。"

小小的一堆营火，不但让这两个处在酷寒中的人温暖了身体，更温暖了他们的内心。因为不管是在相知多年的老朋友之间，还是刚刚结识的新朋友之间，患难之时结下的情谊是最珍贵的。这跟彼此富有时赠与对方的财富比起来，一定更有价值。

 # 用真诚之水来浇灌

　　对朋友不能付出真诚的人永远得不到真正的友谊，他们将是终身可怜的孤独者。

　　黄牛看见狐狸在树下呜呜地哭，问他为什么悲伤。

　　狐狸抹了一把眼泪，说："人家都有三朋四友，唯独我孤零零的，心里难受啊……"

　　黄牛问："花猫不是你的朋友吗？"

　　狐狸叹口气，说："花猫与我交友一载，没请过我一次客，这算什么朋友？我早跟他散伙了。"

　　黄牛问："山羊不是你的朋友吗？"

　　狐狸摇摇头，说："山羊与我结拜半年，从未给过我一分钱的好处，还有啥朋友味？我早跟他断绝往来了。"

　　黄牛长叹了一声，问："听说你曾经跟大黑猪的关系还可以？"

狐狸气得直跺脚，说："我早把他给踢了，你想想，大黑猪能帮我什么忙？当初我根本就不该认识那个家伙。"

黄牛戏谑地一笑，调侃道："狐狸先生，我送你一样东西吧。"

狐狸眼睛一亮，心想这下可以讨到便宜了，立马止住哭，问道："什么东西？"

黄牛扭过头，扔下一句"贪鬼"，说完头也不回地走了。

孤零零的狐狸可怜吗？一点都不可怜，今天这种局面完全是他自己造成的。他交朋友是为了占人家的便宜，所以大伙都不愿和他做朋友。交朋友不能总想占别人的便宜。如果只想吃别人的，要别人的，没有好处就跟人家断绝关系，自己就会变成孤家寡人。

交朋友要真诚，不能只想从朋友那里获得点什么，更重要的是为朋友付出。你对朋友好，以真心换真心，这样你会取得朋友的信赖和帮助，你的朋友也就越来越多，这才是真正的交友之道。

对朋友的真诚是应当付出许多东西的，包括情感上的沟通和物质上的帮助。人生在世也就几十年，我们有很多有意义的事情去做，把太多的时间花在钩心斗角上会很累，也不值得。在这个世界上，每件事情都有正反两面，有付出自然有索取，有真诚必然有虚伪。意识到这一点，有助于我们更完整地看待友谊，更全面地看待世界，我们就不会为没有回报而耿耿于怀了。

友情心语

　　永远做一个真诚的人，因为给予朋友是一件很高兴的事情，只有自己富有才能给予别人。希望有所收获的付出便不再纯洁，因为它把友谊变成了交易。懂得付出的人是真正拥有财富的人，只要他能帮助朋友，只要还有朋友需要他的帮助，那么，他就是一个真正富有的人。

和上帝交换的礼物

　　那年，我们把家安在了一个温暖舒适的拖车房里，拖车就停在华盛顿湖边的一片林间空地上。随圣诞节的临近，一家人的心也愈加轻快起来。虽然几场冬雨浸泡了拖车房的地板，也丝毫没有冲淡我们的兴致。

　　整个12月，最小的孩子马蒂是情绪最高、忙得最欢的一个。这个整天顽皮的金发小家伙有个古怪而有趣的习惯：听你说话时，他总是像小狗似的歪着脑袋仰视你。因为他的左耳听不见声音，但他从未对此抱怨过什么。

　　几周来，我一直在观察马蒂，他好像在秘密策划着什么。我看到他热心地叠被子，倒垃圾，摆放桌椅，帮哥哥姐姐们准备晚餐。我还看见他默默地积攒少得可怜的零用

友谊中的满满幸福

钱，把它们小心翼翼地保管起来，一分钱也舍不得花。我不知道所有这一切都是为了什么，但我猜想这十有八九和肯尼有关。

肯尼是马蒂的朋友，自打他们认识之后便形影不离。要是你叫其中一个，两人准会同时出现。肯尼家和我家隔着一小片牧场。那片溪水蜿蜒的草场是两个孩子的乐园。他们在那儿捉蛇和青蛙；用花生喂小松鼠；还试图寻找箭头标记，发现埋藏的宝藏……

我们的日子总是紧巴巴的，处处要精打细算，但我们变着法儿地把生活过得精致一点。而肯尼家就不一样了，两个孩子能吃饱穿暖已属不易。虽然穷，他们却是个团结和睦的家庭，只是肯尼的妈妈自尊心很强，她的家规很严。

像往年一样，我们一起动手努力营造家庭的节日气氛。

圣诞节前几天的晚上，我正在做奶油小曲奇饼。这时马蒂走过来，愉快而自豪地说："妈妈，我给肯尼买了件圣诞礼物，想看看吗？"原来他一直在策划的就是这个啊，我暗想，"他想要这件东西很久了，妈妈。"

他把双手在擦碗布上仔细揩干，然后从口袋里掏出一个小盒子。打开盒盖，我惊讶地看到了一只袖珍罗盘，这可是儿子节省了所有的零用钱买下来的！有了这只罗盘的指引，8岁的小冒险家就能穿越丛林了。

"真是件可爱的礼物，马蒂。"我称赞道，不过话虽如此，我心中却浮上了一个不安的念头。我知道肯尼的妈妈是怎样看待自己的贫穷的。他们几乎没有钱来互赠礼物，更不用说送礼物给别人了。我敢肯定这位骄傲的母亲不会允许儿子来接受一份他无力回赠的礼品。

我小心地措辞，向马蒂解释这个问题。他立刻明白了我在说什么。

"我懂，妈妈，我懂……可假如这是个秘密呢？假如他们永远不知道是谁送的呢？"

圣诞节前夕是个阴冷的雨天。我和三个孩子忙着为迎接来访的亲友、为互赠的秘密礼物作最后的准备。

夜幕降临了。雨还在下。我检查烤炉中的火腿面包时，看见马蒂溜出了房门。他在睡衣外披了件外套，手里紧握着一个精美的小盒子。他走过湿漉漉的草场，敏捷地钻过电篱，穿过肯尼家的院子，然后踮着脚尖走上房前的台阶，轻轻把纱门打开一点点，把礼物放了进去。然后他深吸一口气，伸手用力按了一下门铃，转身拔腿就跑，生怕被别人发现！他奔出院子时，猛地撞上了电篱！马蒂被电击倒在湿地上，他浑身刺痛，大口喘着气。稍后，他慢慢地爬起来，拖着瘫软的身体迷迷糊糊地走回了家。

"马蒂，出了什么事？"当他跌跌撞撞地进门时，我们都叫了起来。他嘴唇颤抖，眼睛噙满了泪水。

"我忘了那道电篱，被电击倒了！"

我把浑身泥水的小家伙搂进怀里。他仍然头昏眼花，脸上有一道红印从嘴角直到左耳，已经开始起水泡了。

我赶紧给他处理烫伤，又给他冲了杯热可可。小家伙舒服多了，又有了精神。我安顿他上床，给他掖被子时，他抬头看着我说："妈妈，肯尼没看见我，我肯定他没有看见我。"

那个平安夜，我是带着不快与困惑的心情上床休息的。我不明白为什么一个小男孩在履行圣诞节最纯洁的使命时，却发生了这样残酷的事。他在做上帝希望所有人都能做的事——给予他人，而且是默默地给予。

早上，雨过天晴，阳光灿烂。马蒂脸上的印痕很红，但看得出灼伤并不严重。我们正在拆圣诞礼物，不出所料，肯尼来敲门了。他急切地把指南针拿出来给马蒂看，激动地讲述着礼物从天而降的故事。马蒂一边听，一边不住地笑着。

显然，肯尼一点也没有怀疑马蒂。当两个孩子比比画画地说话时，我注意到马蒂没有像往常那样歪着脑袋，他似乎在用两个耳朵听。几周后，医生的检验报告出来了，马蒂的左耳恢复了正常的听力！

马蒂是如何恢复听力的，从医学的角度看仍是一个谜。当然，医生猜测大概和电击有关。不管什么原因，毋庸置疑的是，在那个下雨的平安夜发生了一个不折不扣的生命奇迹，而我会永远感激上帝在那个夜晚与孩子交换的神奇礼物……

小小的马蒂与肯尼有着兄弟般的亲密情谊。为了给肯尼送一份渴望的礼物，他悄悄积攒了所有的零用钱。在因为送礼物而被电篱击伤后，他仍然用灿烂的笑容去分享肯尼收到礼物的兴奋。能够分担生活的艰难，也能够分享生活的快乐，这便是兄弟情谊的真谛。

当保安的千万富翁

保安老杜号称有三个当大老板的朋友。

老杜所说的三位朋友是小区的业主。本来大家也只是眼熟，说上话了，偶尔便叫老杜帮忙搬个东西什么的，事后要酬谢他，老杜红了脸，说这样太不把他当朋友了。有时业主应酬晚归，喝得醉醺醺还开车，被老杜扶上楼，业主丢给他两包好烟，老杜黑了脸，说这样太不把他当朋友了。大家虽然表面客气，却没人在乎这句话，老板跟保安，无论怎么都搭不上线。

认识两三年，老杜给他认为是朋友的业主帮了不少小忙，小恩小惠却坚持拒绝，大家都摸不清他到底图什么。后来，有个业主的儿子被狗咬伤，父母不在家，老杜疯了般抱他跑去医院。等父母赶到，事情已料理完。大家这才

友谊中的满满幸福

感受到老杜的情深义重，都要为他想个出路。有的想给他找个好一点的工作；有的想出一笔钱给老杜做小生意……老杜一概拒绝，说："君子之交淡如水。"大家啼笑皆非，如何回报老杜，便成了一种烦恼。

没想到不久后，机会真来了。老杜老家来信：老父病危。大家过来安慰他，想送点钱，老杜仍然拒绝了。翌日，老杜找到他们，说想请他们帮个忙。大家精神一振，老杜终于求他们了。老杜说，他父亲去世了，他得回去奔丧，但物业人手不够请不了假，他不想失去这份工作，所以想请朋友们帮他顶一下。

在老杜回家奔丧的六天里，三个千万身家的大老板每人轮流替他值了两个夜班。每有生意圈朋友打电话约酒局时，他们都说："今晚绝对不行，替一个朋友值班呢。"

友情心语

真诚的人懂得付出真心，不图回报。老杜是保安，而与他亲如兄弟的朋友却是有着千万身家的富翁。是真诚的力量让处在不同层面上的两路人成为了亲如兄弟的朋友。这大概就是真诚对老杜最大的馈赠吧！

君子的友谊

真正的朋友从不把友谊挂在嘴上，他们并不为了友谊而互相要求点什么，而是彼此为对方做一切办得到的事。

春秋时鲍叔牙和管仲是好朋友，二人相知很深。

他们俩曾经合伙做生意，一样地出资出力，分利的时候，管仲总要多拿一些。别人都为鲍叔牙鸣不平，鲍叔牙却说，管仲不是贪财，只是他家里穷。

管仲几次帮鲍叔牙办事都没办好，3次做官都被撤职，别人都说管仲没有才干，鲍叔牙又出来替管仲说话："这绝不是管仲没有才干，只是他没有碰上施展才能的机会而已。"

更有甚者，管仲曾3次被拉去当兵参加战争而3次逃跑，人们讥笑他贪生怕死。鲍叔牙再次直言："管仲不是贪生怕死之辈，他家里有老母亲需要奉养啊！"

后来，鲍叔牙当了齐国公子小白的谋士，管仲却为齐国另一个公子纠效力。两位公子在回国继承王位的争夺战中，管仲曾驱车拦截小白，引弓射箭，正中小白的腰带。小白弯腰装死，骗过管仲，日夜驱车抢先赶回国内，继承了王位，称为齐桓公。公子纠失败被杀，管仲也成了阶下囚。

齐桓公登位后，要拜鲍叔牙为相，并欲杀管仲报一箭

之仇。鲍叔牙坚辞相国之位，并指出管仲之才远胜于己，力劝齐桓公不计前嫌，用管仲为相。齐桓公于是重用管仲，果如鲍叔牙所言，管仲的才华逐渐施展出来，终使齐桓公成为春秋五霸之一。

因此，世人用"管鲍之交"来比喻君子之友谊。

"友不贵多，得一人可胜百人；友不论久，得一日可逾千古。"要想获得一个朋友须有一个宽阔无私的胸怀。

真诚的朋友，总能无私地互相帮助。

而计较个人得失的情况，只是自私或嫉妒的反映。

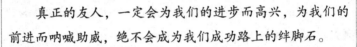

友情心语

真正的友人，一定会为我们的进步而高兴，为我们的前进而呐喊助威，绝不会成为我们成功路上的绊脚石。

真正的朋友，在你获得成功的时候，为你高举在你遇到不幸或悲伤的时候，会给你及时的支持和鼓励，在你有缺点有可能犯错误的时候，会给你正确的批评和帮助。

泣不成声的机械师

在飞机升空的一瞬间，机身有些异样的抖动，但这只钢铁巨鸟还是在惯性中钻进了云层。

驾驶这架新式战机的是美国特级试飞员胡佛，这位曾经试飞过几千架次的王牌试飞员，平时最相信自己的直觉。此时，一种不祥的预感渐渐地占据了他的心。

果然，飞机开始急速下坠，仪表盘上亮起了一盏盏醒目的红灯，刚刚还像一根飘带的河流，因为飞机下降变得波涛汹涌。冷静、冷静，面对撩开了面纱的死神，胡佛一遍一遍在心里默念，在一个真正的试飞员心中，这项耗费上亿元和无数人智慧心血的成果比什么都重要。冷静与经验拯救了一切，奇迹终于在这漫长的几秒钟里发生了。

发动机发出了沉闷的轰鸣，在塔台的指挥下，胡佛凭借丰富的经验终于使飞机迫降成功。

胡佛走下舷梯的时候，地勤人员呼啦啦地向他奔来，走在最前面，第一个紧紧拥抱他的，是泣不成声的机械师戴维。因为是他一时的疏忽，错将轰炸机的油料加进了战斗机，才差点酿成了一场机毁人亡的事故。

胡佛知道了原委后，并没有责怪这位合作了十余年的老伙计，而是安慰他说：一切都过去了，死亡也消失了，不要因为无意的过错而责备自己，我相信你，以后只要是我飞行，会继续请你"加油"。

因为这一句话，戴维很快便从阴影中走出来了，并且一直陪伴在胡佛的左右，直至两个人共同退役。其间，再也没有出过任何，哪怕是细微的差错。

友谊中的满满幸福

友情心语

朋友的一时疏忽，险些酿成了惨重的后果，然而当所有的危险都成为过去，宽容往往就是最好的选择。因为谁也不敢保证自己永远不会犯错，那么当有一天自己犯了错误的时候，最希望的，也就是朋友的尊重和包容吧。

1.2 万人的关系网络图

有一天，一个偶然的机会，一笔宝藏从天而降。那是来自美国马萨诸塞州弗雷明汉医院的宝贵资料。在一个布满灰尘的柜子里，他们找到一盒年久发黄的卡纸。它们乍看起来并不起眼，实际上却是一个信息宝库。

这些卡纸是50多年来，当地数千名居民的医疗记录。卡纸上不仅详细记录了他们的治疗过程，而且为了能在必要时重新找到患者，还记载了三个重要的信息：住址、配偶的名字和一位好友的名字。这不就是两位社会学家想斥巨资搜集的原始资料吗？他们的运气真是太好了！

克里斯塔斯基和弗勒全身心地投入了对这些资料的研究中。他们开始绘制人际关系网，把每个人和他的家庭成员、朋友、邻居联系起来。这是一张巨大的网络。当资料中的1.2万余人全部在网络中各就其位后，两位社会学家就开始关注每个人体重的变化。

之所以选择体重，"因为这便于研究。"弗勒解释道，"这是一个客观的量度。病人每次前来就诊，医生都会一丝不苟地记录下他的体重。这些记录为我们提供了所有人数年间的体重数据。"惊人的结果出现了：在汇总了1.2万人的人际关系网上，发胖者根本不是随机分布的，他们相互关联，形成了若干个小团体。

数据显示，一个人突然体重暴长，似乎就会导致他的朋友（在人际关系网上处于紧邻位置的人）也发胖。两位社会学家甚至对这种影响进行了量化：一个朋友发福，我们发胖的风险就上升57%；一个朋友的朋友发胖，我们肥胖的风险会上升20%；如果是一个朋友的朋友的朋友（第三层关系），那么我们变胖的风险也会增加10%……超出这三层关系，就不再对我们产生影响。不过这两位社会学家认为，肥胖就像传染病一样，会通过人际关系网络层层传递。

难以置信！但又如何解释这种奇怪的传染现象呢？显然，人之所以发胖，并不是因为某种通过接触或唾液便能传染的病菌。"实际上，我们的行为举止会影响周围所有的人，改变他们的社会行为准则。"

社会学家阿莱克西·费朗解释道，"处在一帮朋友之中，我们就会按照这个团体所接受并追求的标准去行事。

93

友谊中的满满幸福

比如，整天吃喝，这通常不是什么好习惯，但只要有一个人整天蛋糕不离口，且大大咧咧满不在乎，那么团体的行为准则就会悄然发生变化，他的朋友就更有可能也变得一样贪吃……"一场小型流行性肥胖就是这样开始的。

尽管这个解释颇具吸引力，但它并没有说服所有的人。克里斯塔斯基和弗勒的第一轮研究在学术界引起了喋喋不休的争论。贾森·弗莱切指出："所谓的肥胖传染可以有别的解释。"这位美国社会学家是健康方面的专家。他说："例如，只要小区里开了一家快餐店，就足以改变那里所有居民的饮食习惯。有些人就可能因此而发胖。他们之间不必有什么相互影响，哪怕他们是朋友！"可是某些住地较远的朋友也会同时发胖，这又该怎么解释呢？

因为朋友而变得相似？

克里斯塔斯基和弗勒没有被怀疑和批评所动摇，他们重新分析了来自弗雷明汉医院卡片上的资料。这一次，他们集中研究另一种行为的传播：戒烟。他们发现，在三层人际关系以内，戒烟也是一种可传染的行为。

这两位学者激动不已，趁势提出了一个让人吃惊的问题：幸福感是否也可以在亲朋好友之间传播？在这一点上，那些发黄的卡片就派不上什么用场了，它们没有记录任何可以量化病人幸福程度的指标。

只不过，这两位社会学家这时已经意外地挖到了另一个宝藏，那是一批关于抑郁症的研究资料，其中有数千份定期跟踪调查问卷。填写问卷的人中，有1181人在弗雷明汉医院的卡片上留有记录。

问卷上有下列问题："在过去的一周里，你共有几次体会到如下情感：我对未来有信心吗？我感觉幸福吗？我热爱生活吗？我是个好人吗？"调查结果被仔细归档，正好可以在克里斯塔斯基和弗勒的幸福传染研究中发挥作用。这两人用0至12之间的数字为每个人特定阶段的幸福感打分，以搜寻幸福感在这一千多人中的传染趋势。

结果并无意外：是的，在朋友之间，幸福感亦会传染。"朋友之间的这种影响非常重要。"弗勒指出，"我们的计算显示，一个朋友的朋友的朋友感到幸福，同样会提升我们的幸福感，这甚至比每月加薪300元的作用更大！"

不过持怀疑观点的人认为这项研究没有证明任何问题，他们坚持认为两位社会学家的诠释站不住脚。怀疑派认为，朋友之间行为举止有相似之处，在同一时间有幸福感，这没什么奇怪的。一帮朋友之所以成为朋友，就是因为大家有着某些共同的性格特质和习惯，生活水平也差不多。

物以类聚，人以群分。贾森·弗莱切如此解释："我们喜欢和同类人在一起，这是天性使然。因此，我们无法断定，人们究竟是因为彼此是朋友才变得相似，还是因为相似所以成为朋友！"

友谊中的满满幸福

然而，这一论据并未打消克里斯塔斯基和弗勒的激情。现在，他们转而关注酗酒、离婚和抑郁症的传染，对弗雷明汉人际关系网的钻研也愈加投入。这可真是一个千金不换的宝藏啊！因为对于一个社会学家来说，能够计算人与人的彼此影响，就像教徒找到了圣杯一样！

  两位社会学家的研究虽然引起了争论，但他们的开拓之功不可抹杀，而且真正的研究正当其时。弗勒感叹道："我们拥有的只是这些卡片。而今天，Facebook等社交网站拥有全世界无数人的海量信息，范围更广，资料更详细，一定能就朋友的力量给予我们更多教益……"

友情心语

  最会交朋友的人常常最不需要他的朋友帮助。假如你把朋友当拐杖，假如你经常依靠别人，不能自立，假如你从友谊中获得的东西多于你给予友谊的，大家就不会欢迎你参加他们的圈子。

影响你的八种朋友

  也许真的因为我们"太忙"，无暇去维系已有的朋友圈；也许人与人之间越来越多的是非真伪让我们对"朋友"的称谓产生了畏惧。信任以及友情的缺失，已然成为了现代人不得不面对的"人际危机"。

那么真正的朋友究竟是什么样的？人生中所需要的又是什么朋友呢？以下就是人生中不可缺少的8种朋友的写照：

1、成就你的朋友：他们会不断激励你，让你看到自己的优点。

这类朋友也可称之为导师型。他们不一定是你的师长，但他们一定会在某些领域具有丰富的经验，能经常在事业、家庭、人际交往等各方面给你提供许多建议。人生中拥有这种朋友会成为你最大的心理支柱，也常常会成为能够"左右"你的"偶像"。

2、支持你的朋友：一直维护你，并在别人面前称赞你。

这类朋友可谓是"你帮我，我帮你"，相互打气，使得彼此成为对方成长的垫脚石。在一个人的成长过程中，朋友的支持与鼓励是最珍贵的。当你遇到挫折时，这类朋友往往可以帮你分担一部分的心理压力，他们的信任也恰恰是你的"强心剂"。

3、志同道合的朋友：和你兴趣相近，也是你最有可能与之相处的人。

这类朋友会让你有心灵感应，俗称"默契"。你会因为想的事、说的话都与他们相近，经常有被触摸心灵的感觉。和他们交往会帮助你不断地进行自我认同，你的兴趣、人生目标或是喜好，都可以与他们分享。这种稳固的

友谊中的满满幸福

感受"共享"会让你获得心理上的安全感，因为有他们，你更容易实现理想，并可以快乐地成长。

4、牵线搭桥的朋友：认识你之后，很快把你介绍给志同道合者认识。

这类朋友是"帮助型"的朋友。在你得意的时候，他们的身影可能并不多见；在你失意的时候，他们却会及时地出现在你面前。他们始终愿意给予你最现实的支持，让你看到希望和机会，帮助你不断地得到积极的心理暗示。

5、给你打气的朋友：好玩、能让你放松的朋友。

有些朋友，当我们有了心事有了苦恼时，第一个想要倾诉的对象就是他们。这样的朋友会是很好的倾听者，让你放松，在他们面前，你没有任何心理压力，总能让你发泄出自己的"郁闷"，让你重获平衡的心态。

6、开阔眼界的朋友：能让你接触新观点、新机会。

这类朋友对于人生也是必不可少。他们可谓是你的"大百科全书"。这类朋友的知识广、视野宽、人际脉络多，会帮助你获得许多不同的心理感受，使你成为站得高、看得远的人。

7、给你引路的朋友：善于帮你理清思路，需要指导和建议时去找他们。

这类朋友是"指路灯"。每个人都有困难和需要，一旦靠自己力量难以化解时，这类朋友总能最及时、最认真地考虑你的问题，给你最适当的建议。在你面对选择而焦虑、困惑时，不妨找他们聊一聊，或许能帮助你更好的理顺情绪，了解自己，明确方向。

8、陪伴你的朋友：有了消息，不论是好是坏，总是第一个告诉他们。他们一直和你在一起。

这种朋友的心胸像大海、高山一样宽广。不管何时找他们，他们都会热情相待，并且始终如一地支持你。他们是能让你感到满足和平静的朋友，有时并不需要太多的语言，只是默默地陪着你，就能抚平你的心情。

一个普通的朋友从未看过你哭泣。一个真正的朋友的双肩曾经让你的泪水湿浸。

一个普通的朋友讨厌你在他睡着后打来电话。一个真正的朋友会问为什么现在才打来电话。

一个普通的朋友找你谈论你的困扰。一个真正的朋友找你解决你的困扰。

一个普通的朋友在拜访时，像一个客人一样。一个真正的朋友会打开冰箱自己拿东西。

一个普通的朋友在吵架后就认为友谊结束。一个真正的朋友明白当你们还没打过架就不叫真正的友谊。

一个普通的朋友期望你永远在他身边陪他。一个真正的朋友期望他能永远陪在你身旁。

一个普通的朋友和你吃饭会抢着买单。一个真正的朋友在买单之前会先看钱包。

一个普通的朋友会拿好的东西对你。一个真正的朋友

会拿真心对你……

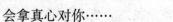

友情心语

　　能让你感到满足和平静的朋友，有时并不需要太多的语言，只是默默地陪着你，就能抚平你的心情。

陪伴是最好的礼物

　　真正的友情，不需要符号标记，不需要大声炫耀，如果你懂得了友情的意义，我想你会充满感激。真正的友谊是在看穿了你所有的软弱和不堪之后，仍旧愿意送你一把伞，坚定而执着地陪伴在你的身边，没有任何理由。

不露痕迹的馈赠

高一那年，年级组织去千岛湖春游。老师一宣布这个令人振奋的消息，教室马上为大家的喧闹声所炸响。同学们纷纷问一些春游要注意的主要事项和所交的费用等问题，接着老师又问了一句："大家还有什么问题吗？"

很长时间，没有人举手也没有人站起来，谁也没有注意到角落里来自山区的那个女孩子，她微举着手，手指却颤抖着没有张开来，颤巍巍的嘴唇一张一合却没有声音。很久很久，女孩子站了起来，用极低的声音问："老师，我可以带馒头吗？"一阵其实并没有恶意的笑声刺激着女孩子，她的脸通红通红的，低着头默默地坐下，眼泪无声地沿着脸颊流下来。

老师走过去，抚摸着她的头说："你放心，可以带馒头的，没事的。"

出发的前一天，女孩子拿着饭票买了六个馒头，然后低着头好像做贼似的跑回宿舍。宿舍里几个女同学正在一边收拾春游要带的零食，一边唧唧喳喳地讨论着什么。女孩子直奔自己的床，迅速地用一个塑料袋把馒头装了进去，女同学的讨论声似乎小了下去，女孩子的眼眶红了。

出发那天下着雨，淅淅沥沥地洗刷着女孩子的心情和在她背包里的六个馒头。女孩子没有带伞，只好和别的同学挤在一把伞下。为了不因自己而使同学淋湿，女孩子不住地把伞往同学那边移，等赶到目的地千岛湖时，女孩子的一半身子湿漉漉的，身上的背包也湿漉漉的。

大家纷纷冲向饭馆吃饭去了，女孩子一个人待在招待所里，等大家都走完以后才从背包里取出馒头。可是由于塑料袋破了一个洞，湿透背包的雨水将馒头泡透了，女孩子就这样一边流泪一边嚼着被雨水浸泡过的馒头。

女孩子还没有吃完一个馒头，同学们就回来了。她没有料到她们会回来得这么快，来不及藏起湿透了的馒头，只好匆忙地往还没有干的背包里塞。班长妍突然说："哎呀，我还没有吃饱呢，能给我吃一个馒头吗？"女孩子不好意思，没有摇头也没有点头，妍已经打开她的背包啃起馒头来。

其他几个同学也纷纷走过来拿起馒头一边嚼一边说，其实还是学校食堂做的馒头好吃。转眼，女孩带来的六个馒头都被同学们吃完了，女孩子看着空了的背包只有无声地落泪。

第二天，到了大家该吃早饭的时候，女孩子偷偷一个人走了出去。雨已经停了，女孩子的心却在落泪，如果不是自己央求父亲借钱交了车费本来就可以不来的，可是山水是那么秀美，女孩子怎能不心动？女孩子在招待所附近的一座矮山上一边后悔一边默默地落泪。是班长妍最先找到女孩子的，妍拉起她的手就走，说："我们吃了你带来

友谊中的满满幸福

的馒头，你这几天的饭当然要我们解决呀！"女孩子喝着热腾腾的粥，吃着软软的馒头，眼圈红红的。

后来总有人以吃了女孩子的馒头为理由请她吃饭，使她不再嚼着干涩难咽的馒头，使她可以和所有其他同学一样吃着炒菜和米饭。女孩子的脸上渐渐有了笑容，她默默接受了同学们不着痕迹的馈赠，默默地享受着这份单纯却丰厚的友谊。

 友情心语

同学不露痕迹的馈赠，不仅仅让女孩吃到了可口的饭菜，更重要的是让女孩深深地感觉到了在自己身边还有一群关心自己的人。这样的关怀，带给女孩的不仅仅是一种感动，更重要的是自信、快乐、温暖。

 # 生命最好的药房

伍兹十岁那年因为输血不幸染上了艾滋病，伙伴们全都躲着他，只有大他四岁的艾迪依旧像从前一样跟他玩耍。离伍兹家的后院不远，有一条通往大海的小河，河边开满了五颜六色的花朵，艾迪告诉伍兹，把这些花草熬成汤，说不定能治好他的病。

伍兹喝了艾迪煮的汤身体并不见好转，谁也不知道他能活多久。艾迪的妈妈再也不让艾迪去找伍兹了，她怕一家人都染上这可怕的病毒。但这并不能阻止两个孩子的友情。一个偶然的机会，艾迪在杂志上看见一则消息，说新奥尔良的费医生找到了能治疗艾滋病的植物，这让他兴奋不已。于是，在一个月明星稀的夜晚，他带着伍兹，悄悄地踏上了去新奥尔良的路。

他们是沿着那条小河出发的。艾迪用木板和轮胎做了一只很结实的船。他们躺在小船上，听见流水哗哗的声响，看见满眼闪烁的星星，艾迪告诉伍兹，到了新奥尔良，找到费医生，他就可以像正常人一样快乐地生活了。

不知走了多远的路，船破进水了，孩子们不得不改搭顺路汽车。为了省钱，他们晚上就睡在随身带的帐篷里。伍兹的咳嗽多起来，从家里带的药也快吃完了。

这天夜里，伍兹冷得直发颤，他用微弱的声音告诉艾迪，他梦见二百亿年前的宇宙了，星星的光是那么暗，那么黑，他一个人待在那里，找不到回来的路。艾迪把自己的球鞋塞到伍兹的手上："以后睡觉，就抱着我的鞋，想想艾迪的臭鞋在你手上，艾迪肯定就在附近。"

孩子们身上的钱差不多用完了，可离新奥尔良还有三天三夜的路。伍兹的身体越来越弱，艾迪不得不放弃了计划，带着伍兹回到家乡。不久，伍兹就住进了医院。艾迪依旧常常去病房看他。

两个好朋友在一起时病房便充满了快乐。他们有时还会合伙玩装死游戏吓医院的护士，看见护士们上当的样

友谊中的满满幸福

子，两个人都会忍不住地大笑。艾迪给那家杂志写了信，希望他们能帮忙找到费医生，结果却杳无音信。

秋天的一个下午，伍兹的妈妈上街去买东西了，艾迪在病房陪着伍兹，夕阳照着伍兹瘦弱苍白的脸，艾迪问他想不想再玩装死的游戏，伍兹点点头。然而这回，伍兹却没有在医生为他摸脉时忽然睁眼笑起来，他真的死了。

那天，艾迪陪着伍兹的妈妈回家。两人一路无语，直到分手的时候，艾迪才抽泣着说："我很难过，没能为伍兹找到治病的药。"

伍兹的妈妈泪如泉涌，"不，艾迪，你找到了。"她紧紧地搂着艾迪，"伍兹一生最大的病其实是孤独，而你给了他快乐，给了他友情，他一直为有你这个朋友而满足……"

三天后，伍兹静静地躺在了长满青草的地下，双手抱着艾迪穿过的那只球鞋。

友情心语

两个孩子之间的友谊让人感动。是的，我们每个人都希望在困难的时候有人帮助；在孤独的时候有人陪伴；在生病的时候有人关怀；在悲伤的时候有人安慰。一份真挚的友情是纯洁而又神圣的，因为有了它，世间才会变得那么美好和谐。

海这边的友情

从微机培训学校毕业后，我到网吧当了一名网管员。在那些来网吧的人中，有一个二十多岁的女孩子引起了我的注意。女孩子穿着朴素，文静秀丽。每天晚上八点，她准时走进来，然后在角落里坐下来。两小时后，她又准时离开，几乎形成了规律。不管刮风下雨，天天如此。

我曾偷偷观察过她，和我想的一样，她在聊天。她的手指在键盘上灵巧地飞舞着，脸上洋溢着掩饰不住的开心。有时是极力压抑的笑，有时是那种甜蜜的微笑，很幸福的样子。不用说，这个女孩陷入了网恋。

有一次，我巡视时经过她的身边，见她正在发照片，是一组海景，碧海蓝天，帆船点点，沙鸥展翅，浪花翻卷，照片拍得相当不错。在她的手边，放着数码相机，看来，是她亲手拍的。有一张她站在海边的照片，拍得特别美。发过去之后，我看见她的嘴角牵出无法述说的得意。

我在想，要不了几天，她准会去见网友。果然，一向准时的她，已经有三天没来了。第四天她出现在网吧时，我吓了一跳。她的脸色十分苍白，两眼深陷，眉头紧皱，手下意识地捂着小腹。看她的样子，仿佛这几天经历了什么打击似的。

107

友谊中的满满幸福

她还是找了个角落坐下来，又开始聊天，脸上浮现着淡淡的笑意。我在心里是又可怜她又生她的气。这次她聊了不到一个钟头就下线了。可是她几次想站起来都没有成功。脸色白得吓人，我赶紧过去搀起了她。她努力地笑了笑，说"谢谢"。

我把她搀到休息室，让她先歇一会儿再走。然后，我知道了她的故事。

一个月前，她的好友因药物中毒失去了听力，人几乎崩溃了，整日把自己关在小屋子里，拒绝说话，拒绝与外界的一切联系。在海这边的她心急如焚。打电话她听不到，她就给她写信，可是写信太慢了，她就想到了上网。她从来没上过网，也不会打字。可是为了朋友，她竟一个星期就学会了打字。

朋友喜欢海，她省吃俭用买了数码相机，为朋友拍了海景，在网上传过去。她在一家制衣厂打工，比较偏僻，下了班再坐车来这就得一小时。她必须在晚上十一点前赶回去。因为她住的地方十一点就关门，过了这个时间谁也进不去。

所以，她每晚只能和朋友聊两小时。三天前，她做了阑尾炎手术。可她的心里，却怎么也放不下好友，怕她寂寞，怕她失望。她说，好友自从上网和她聊天，自从看到那些照片，已经变了很多，还为照片配上了文字，那些文字写得真美。说到这，她苍白的脸上现出舒心的笑。

我看着这个身材单薄的女孩，心里涌上了久违的感动。

　　我们习惯地以为，朋友就是在自己身边能常来常往的人，其实不然。真正的朋友，虽然相隔万水千山，但彼此的心却是始终相连的。我们会因为他的一个微笑而愿意分享他的喜悦，会因为他的一声哭泣而担忧他受的伤害。这就是真正的朋友。

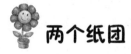

两个纸团

　　读初中的时候，我对考试有一种莫名的恐惧心理。尽管我对做作业、上课回答问题之类都感觉轻松，可是一到考试关头，特别是比较重要的考试，就如临大敌，心里慌恐得特别厉害。

　　初三的第二个学期，安云转学到我这个班上，而且就坐在我的前面。安云性格外向，整天嘻嘻哈哈、无忧无虑，好像烦恼总与他无缘似的。那时他担任班上的体育委员，每到中午或晚饭之后，篮球场上就总有他生龙活虎的身影。一直让我感到不可思议的是，尽管安云热衷于玩球，但他的成绩却一直处在全年级的前十名之内。

　　我对安云除了羡慕加佩服之外，更多了几分嫉妒，就是不知道他有什么学习的法宝。由于是临桌的关系，我和

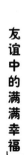

安云也就一些题目经常进行讨论，再加上他的乐于助人，渐渐地，我和安云成了好朋友。

中考临近的一天傍晚，我趴在课桌上做着题。安云走进来叫我一起到外面去透透气。我放下手中那本厚厚的习题集，脑子乱糟糟地跟着他来到学校背后的那片柑子林里。安云问我这些天怎么总愁眉苦脸、精神不振的。

或许是终于有了一个可以倾诉的对象吧，我把积压在自己心头很久的苦恼都统统地向安云宣泄了出来。安云一直默默地听着，很认真。倾诉完之后，我觉得一直压在心头的那块石头终于被掀走，抑郁了好久的心情此刻竟然轻松了好多。

"其实你完全有能力考上中专的，只是你缺乏一种自信心。"安云用手搭在我的肩膀上，眸子里闪动着真诚。自信心？安云的话让我不禁为之一震。

确实如此，要不怎么每次考试总那么怀疑自己，一直把原本做对的题目又改错了，正是这种自我怀疑加剧了自己对考试的惧怕。可是，怎么才能增强自己的自信心呢？

这时，安云转过身去，从口袋里掏出笔和纸在写着什么。写完之后转过身来，他的手里拿着两个小纸团摊在我面前："一个写着'赢'，一个写着'输'，选一个，看你的运气怎样？"

我自己也不知道是怎么从安云的手中抓回一个纸团的，只觉得脑子里一片空白，捏着纸团的手一直都颤抖个不停，不敢展开。我哆嗦着犹豫了好久。终于，我长长地吸了一口气、带着一种接近决定生死的悲壮，颤抖地展着纸团，心几乎快要蹦出来了，展开了——天哪！是赢！

我激动地跳了起来，忘情地叫着。刹那间，我感觉到有一种从未有过的力量陡然间传遍我的全身，在心里升腾，好像这时才找到了真正的自己。

在接下来的近20天的时间里，我以一种全新的轻松和自信投入到复习之中，后来，在老师和同学们诧异的眼光中，我顺利地通过了预考、中考。当我从班主任手里接过盖着鲜红大印的录取通知书时，安云擂了我一拳"有你的！"。那一刻，我好自豪。

前不久，初中的同学一起聚会纪念毕业10周年，安云因为路途遥远没有赶来，当大家谈及当年的各种趣事的时候，同学海涛告诉我，那次安云做的两个纸团其实都写着"赢"，而这件事安云只告诉过海涛一个人。那次事情的真相，原来是安云"骗"了我啊。如果没有那一次，我肯定考不上中专，也不会有现在的成就了。

友情心语

两张全写着"赢"的字条，写满了安云对"我"的肯定和鼓励。当我们对身边的朋友信心十足的时候，带给他们的将是一种莫大的肯定与鼓励。

友谊中的满满幸福

 # 一双靴子的陪伴

在我的记忆深处，珍藏着一双靴子，一双得之于半个世纪以前而今依然完好如初的靴子。它不仅铭刻着一个流浪汉的颠簸之苦，也深藏了一位陌生路人的关怀之心。

那是在大萧条时期的一个冬天，当时二十岁的我已经独自在外乡闯荡了一年多，一无所获的磨难使我心灰意冷，蜷缩在火车车厢里做着回家的梦。当火车路经一个不知名的小镇时，我下了车，希望能碰上好运气，找到一个打工的机会。

一阵刺骨的寒风向我表示了冷冷的敌意，我使劲裹了裹自己的旧外套，但还是被冻得直打战，尤其糟糕的是脚上的那双半筒靴已不堪折磨，像它主人的梦想一样地破败了——冰水毫不客气地渗入了袜子。我暗暗地向自己许了个愿，要是能攒下买一双靴子的钱，我就回家！

好不容易找到了山边的一个小木屋，不料里面早有几个像我一样的流浪汉了。同病相怜，他们挤了挤，为我挪出了一个位置。屋里毕竟比野外暖和多了，只是刚才被冻僵的双脚此时变得疼痛难挨，使我怎么也无法入睡。

"你怎么了？"坐在我身旁的一个陌生人转过头来问我。

"我的脚趾冻坏了，"我没好气地说，"靴子漏了。"

这位陌生人并不在意我的态度，仍然热情地向我伸出了手："我叫厄尔，是从堪萨斯的威奇托来的。"之后，他跟我聊起了自己的家乡、家人，以及自己的流浪经历……厄尔先生的健谈似乎缓解了我身体的不适，我不知不觉地睡着了。

这个小镇并没有为我们留下一份吃的。盘桓数日以后，我又登上了去堪萨斯方向的货车——厄尔先生也在这趟车上。火车渐渐地驶出了落基山区，进入了茫茫无际的牧场。天气也越来越冷了，我只有不停地跺脚取暖。不知什么时候，厄尔先生已经坐在我身边了。他关切地问我："你家里还有什么人？"我告诉他，我家里还有父亲和一个妹妹——是一个穷得叮当响的农家。

厄尔先生安慰我说："不管怎样的家也总是个家呀！我看你还是和我一样回家去吧。"

望着寒星闪烁的夜空，我感到了一种从来没有过的孤独。"要是……要是我能攒点钱买双靴子，也许就能够回家了。"

我正想着家庭的温暖的时候，发觉脚被什么东西碰了一下。低头一看，原来是一只靴子——厄尔先生的。

"你试试吧，"厄尔说，"你刚才说，只要能有一双像样的靴子你就能回家了。喏，我的靴子尽管已经不新，但总还能穿。"他不顾我的谢绝，一定要我穿上，"你就是暂时穿穿也好，待会儿再换过来吧。"

当我把自己冰凉的脚伸进厄尔先生那双体温尚存的靴子时，立刻感到了一阵阵暖意，我很快在隆隆的火车声中

友谊中的满满幸福

睡着了。

等我醒来时，已经是次日凌晨了。我左顾右盼，怎么也找不到厄尔先生的身影。一位乘客见状说："你要寻找那个高个子？他早下车了。"

"可是他的靴子还在我这儿呢。"

"他下车前要我转告你：他希望这靴子能陪伴你回家去。"

我怎么也不能相信，世上确实还有这样的好人：不是将自己的多余之物作施舍，而是把自己的必需之物奉献他人，为了让我能有脸回家去！我想象着他一瘸一拐地穿着我的破靴在冰水里跋涉的情形，不禁热泪盈眶……

这半个多世纪中，我和厄尔先生再也无缘相见，但在我的心中他永远是我最亲密的朋友，而这双靴子则是我这一辈子得到的最贵重的礼物。

友情心语

我们常常习惯性地将那些与自己有过一面之缘的人称为生命中的过客。是的，每个人一生都会经历无数这样的过客。彼此的相识相见，只在偶然的一瞬间。可是就是那一瞬间的缘分，却注定要让人铭记一生。因为那是一份真心的流露，是心与心的碰撞。而许多人天天把朋友之间的情谊挂在嘴边，在自己的朋友真正遇到苦难的时候，却把那双本该伸出来的援助之手缩了回去。像厄尔先生这样的人，才真正算得上是生命中的朋友。

人生中的栖息地

生命中有许多东西是需要放过的。放过，有时是为了求得一份心灵的安宁，有时是为了获得一个更广阔的天空。放过是一种境界，是一种高度。

人生是一种缘，你刻意追求的东西或许终身得不到，而你不曾期待的灿烂反而会在你的淡泊从容中而至。

在人生的旅途中我们的朋友，也许就是那一个个的小小的站台。也许有很多站台我们都没有停留，也许我们会在一个小站台稍事休息，也许我们还会在某个站台停留许久！

也就是这样一个个的站台连成了我们的旅途中的甜酸苦辣。在每个站台都有自己独特的风景，也许还能有自己的故事或者是辛酸！

也许在旅途中很长的一段时间我们还是会记起那某个站台，也许也有很多站台我们都没有记住他们的名字，但是人生却不停止自己的脚步，在一个个小站中连成了一条直线！

正是因为这样，我们也必须经过这样的站台，不过人生只有有了这样值得回忆的小站，才显得旅途并不孤单，只有这样等人生到了自己的终点时才不会再有什么遗憾了！

朋友，好好地珍惜每一个小站，它们又会对你述说什么呢？细细地，好好地体会你身边每一个朋友吧！

友谊中的满满幸福

友情心语

　　朋友，像淡淡的清茶要你去细细地品，慢慢地酌它的甘甜，他会不经意间地走入你的心田，用心牵挂着你。

每一片叶子都是朋友

　　在人生的旅途中，我们会邂逅许多人，他们能让我们感到幸福。有些人会与我们并肩而行，共同见证潮起潮落；有些人只是与我们短暂相处。我们都称之为朋友。朋友有很多种。就好像一棵树，每一片叶子都是一个朋友。

　　最早发芽的朋友是我们的爸爸和妈妈，他们告诉我们什么是生活。接下来是我们的兄弟姐妹，他们与我们一起成长，共同走向繁荣。然后是我们所有的家人朋友，他们让我们尊重，让我们牵挂。

　　命运还会赐予我们其他朋友。我们不知道什么时候会邂逅他们。许多人被我们称为灵魂和心灵之友。他们是真诚的，也是真挚的。他们知道我们什么时候过得不好，知道如何让我们幸福，知道我们需要什么，甚至不必我们开口。

　　有时某一个朋友会触动我们的心灵，于是我们就会相爱，拥有一位恋人朋友。这个朋友会让我们的眼睛焕发光彩，会让我们与歌曲相伴，会让我们雀跃前行。

还有一种一时的朋友，他们或是曾与我们共度某个假期，或是曾共度几天甚至几个小时。在一起的时候，他们总能让我们的脸上挂满微笑。

也有一种远方的朋友，他们位于枝干的末端，有风的时候，他们会在其他叶子中间若隐若现。他们虽然不总在我们身边，但一直与我们的心灵很近。

时光流逝，夏去秋来，一些叶子会离我们而去，一些叶子会在另一个夏天出现，还有一些叶子会陪伴我们许多季节。但最让我们感到幸福的是，那些虽已凋零，却不曾远去的叶子，他们依然在用欢乐滋养我们的根系。那是他们与我们相遇时留下的美好回忆。

 友情心语

我们生命中的每位过客都是独一无二的。他们会留下自己的一些印记，也会带走我们的部分气息。我需要你，我生命之树的叶子，就像需要和平，爱与健康一样，无论现在还是永远。同样有人会带走很多，也有人什么也不留下。这恰好证明了，两个灵魂不会偶然相遇。

有心才能相知

人生如梦，岁月如歌。大千世界，红尘滚滚，一年又

友谊中的满满幸福

一年的风风雨雨，几许微笑，几丝忧伤，随着时间小河的流淌，许多人和事都付之东流，但有一种人却随着时间的推移，你与他（她）的交往，如陈年酒香，沁人心肺。你与他（她）的友情是世上最珍贵的情感。

这种友情是一种最纯洁、最高尚、最朴素、最平凡的感情，也是最浪漫、最动人、最坚实、最永恒的情感。不论在生活中还是网络里，人人都会有朋友，如果没有朋友情，生活就不会有悦耳的和音，就如死水一滩；友情无处不在，她伴随你左右，萦绕在你身边，和你共度一生。

什么是朋友？朋友就是彼此相交的人，彼此要好的人。但"人之相识，贵在相知；人之相知，贵在知心。"在交友方面，古人讲究莫逆于心，遂相与友。

鲁迅也说："人生得一知己足矣，斯世当以同怀视之。"

"名声、荣誉、快乐、财富这些东西，如果同友情相比，它们都是尘土。"达尔文这样说。

有缘才能相遇，有心才能相知。芸芸众生、茫茫人海中，朋友能够彼此遇到，能够走到一起，彼此相互认识，相互了解，相互走近，实在是缘分。在人来人往，聚散分离的人生旅途中，在各自不同的生命轨迹上，在不同经历的心海中，能够彼此相遇、相聚、相逢，可以说是一种幸运，缘分不是时刻都会有的，应该珍惜得来不易的缘。

朋友相处是一种相互认可，相互仰慕，相互欣赏、相互感知的过程。对方的优点、长处、亮点、美感，都会映在你的脑海，尽收眼底，哪怕是朋友一点点的可贵，也会成为你向上的能量，成为你终身受益的动力和源泉。

朋友的智慧、知识、能力、激情，是吸引你靠近的磁力和力量。同时你的一切也是朋友认识和感知的过程。朋友之间贵在真诚相待，诚则交之，疑则离之，自私自利、心术不正的人，不妨舍之。

真诚的友情是永恒的，"人不能老是行时，在你背时的时候，有人还了解你，就是知己了。"

朋友之间贵在互相见谅，"善人者，人亦善之"，对于朋友的优点，不能忌而不学；对朋友的缺点，不能视而不见；对朋友的忠告，不能听而不闻；就是一些过激的言语，或者偏颇的看法，只要是对自己的善言，也不能怒而反讥。

119

一个人，要想多得到真挚的友谊，除了对朋友真诚相待外，还要能够容忍对方的缺点，要注意自己怎样做人，莫辜负朋友的知己之情。

"人生难得一知己，千古知音最难觅。"我想这也是一种人生的际遇，是可遇不可求的。能拥有一位"望之俨然，即之也温，听其言也厉"的"三变"君子做知己，是人生一大幸事也！

很难说，你在我心中到底有多重！只知道，生命的旅程中不能没有你！风雨人生路，朋友可以为你挡风寒，为你分忧愁，为你解痛苦和困难，朋友时时会伸出友谊之手。她是你登高时的一把扶梯，是你受伤时的一剂良药，是你饥渴时的一碗白开水，是你过河时的一叶扁舟；她是金钱买不来、命令下不到的，只有真心才能够换来的最可贵、最真实的东西。

友情心语

　　烦恼时友情如醇绵的酒，痛苦时友情如清香的茶，快乐时友情如轻快的歌，孤寂时友情如对饮的月……

一种特殊的温暖

　　在灯下念书会走神，想起一个又一个朋友，想起许许多多共同经历的事，想起曾经讲过的话，那种温柔会立刻包围你。在这样一个深夜里，让你迷醉，让你欣慰，让你为之更快乐。

　　朋友本不该有那么重要，朋友又的确那么重要。生命里或许可以没有感动、没有胜利……没有其他的东西，但不能没有的是朋友。

　　心情糟的时候可以涂满几张信纸，把它送抵朋友的信箱，在这样的一种"共享"中淡化一份哀愁；心情好的时候同样可以放飞一只信鸽，遥送到朋友的手中，在一份"同欢"中感受更大更完美的欢乐。

　　朋友是可以一起打着伞在雨中漫步；是可以一起骑了车在路上飞驰；是可以沉溺于美术馆、博物馆；是可以徘徜于书店、画廊；朋友是有悲伤一起哭，有欢乐一起笑，有好书一起读，有好歌一起听……

朋友是常常想起，是把关怀放在心里，把关注盛在眼底；朋友是相伴走过一段又一段的人生，携手共度一个又一个黄昏；朋友是想起时平添喜悦，忆及时更多温柔。

朋友如醇酒，味浓而易醉；朋友如花香，芬芳而淡雅；朋友是秋天的雨，细腻又满怀诗意；朋友是十二月的梅，纯洁又傲然挺立。朋友不是画，它比画更绚丽；朋友不是歌，它比歌更动听；朋友应该是诗——有诗的飘逸；朋友应该是梦——有梦的美丽；朋友更应该是那意味深长的散文，写过昨天又期待未来。

朋友的美不在来日方长；朋友最真是瞬间永恒、相知刹那；朋友的可贵不是因为曾一同走过的岁月，朋友最难得是分别以后依然会时时想起，依然能记得：你，是我的朋友。

有朋友的日子里总是阳光灿烂，花朵鲜艳，有朋友的岁月里天空不再飘雨，心不再润湿，有朋友的时候才发现自己已经拥有了一切。

友情心语

　　我们可以失去很多，但不能失去的是朋友。朋友不是一段永恒，朋友也只是生命中的一个过客，但因为这份缘起缘灭使生命变得美丽起来。即使没有将来又怎样？至少，不能忘记的是朋友以及与朋友一起走过的岁月。

友谊中的满满幸福

朋友，生命里的血液

友情能给你一个宽敞的空间，在那个空间里，你可以随心所欲，拥有自然的相处，心灵的相通。沉默，就是会意的语言，交流，不须千言万语，心有灵犀，是友情中最美的风景……

"谁是你在凌晨两点，理直气壮拨起的号码？

谁是你在任何时间，心甘情愿接听的电话？"

简单而普通的话语，也许是在人的一生中，永远都不可能达到的境界。环境，身份，心情，时间，都无形中存在着这样那样的问题。朋友是一生的，可是在你的身边，能有多少这样的知己存在？看看你周围的朋友，你又能否以那样的知己存在他们的身边？也许只能成为一种梦想吧。

孤独的时候，朋友，就成了你生命中整个的精神支柱，珍惜身边所拥有的，别让人生留下遗憾。

是啊，人的这一生中，有多少这样的知己，为你存在，那也许只能是人生追求的一个梦境而已。

友情，是生命里的血液，它让你兴奋，让你感动，让你浑身热血沸腾。真诚的友谊，是一潭纯净的湖水，洁净，莹澈，透明。你望着湖水微笑，它就会有波动，湖面飘过的，无形的风，掠过清晨，掠过黄昏，相伴的日子，清淡，清爽，起身离去，你方才知道，撒在湖面上的思念，已经很浓。

友情能给你一个宽敞的空间，在那个空间里，你可以随心所欲，自然的相处，心灵的相通。沉默，就是会意的语言，交流，不须千言万语，心有灵犀，是友情中最美的风景。

总想把自己放在，众人注目的位置，所以你的朋友告诉你，其实你害怕孤独，是想借助某种某种光环，遮掩自己的羞涩。可是却没有人告诉我，高处不胜寒。

所以，友情总是给自己，有意无意地带来那么一种神秘，那种魔幻般的思想境界，也许仅仅是一种奢望。

很多时候，总想拿起电话，拨出一串号码，简单的问候一声，哪怕那一声过后，仍然守候着冷清。拿起，放下，放下，拿起，却怎么也摁不完，那一串长长的阿拉伯数字。今非昔比，时过境迁，不知道，电话里的那一端，是否也和自己一样，轻松悠闲。

谁都希望，有那么一个人，能这样无私的让你感动，能在你孤独的时候，随时陪着你打发无聊的时光；在你无助的时候，给你心灵的力量；在你迷茫的时候，给你指点迷津。尽管这种可能需要缘分，它依然，是无数人心中的一个不灭的梦。

人生中的一次不经意的握别，让友情踏上了不归的旅行，守着各自的港湾，忘记了归程。当心灵孤寂的时候，

友谊中的满满幸福

看看身边，人来人往，曾经沸腾的热血，是否停止了流动。隔开的，不仅仅是淡然的岁月，还有心情。飘荡在空中的那缕缕轻烟，演变成一团团迷雾，让这一切犹如梦境。

亲情是一种责任，爱情是一种目的，只有友情，令人最为感动，它只有付出，而无所求。它总是默默的守候在某个不起眼的角落里，在你欢喜的时候为你开心；在你郁闷的时候，就会义无反顾地走到你身边，给你安慰。

茫茫人海，有多少人与你擦肩而过，无声地成为了你生命中的过客；又有多少人能够回眸，注视着你的存在；有多少人能够听得到，你心灵深处的那一声叹息。就这样在那个神奇的梦境里，相遇，相识，从此生活，因为有你而美丽。

不想拖着疲惫的双腿，还在拼命的奔跑，累了，倦了，厌烦了。可是血管里流淌的那股，不安分的血液，还在肆意的乱撞，像是要，破了皮肉出来。

于是，心灵为友情打开了窗口，窗外的暖风，轻抚着你疲惫不堪的灵魂，泪水滴落在装满浆果的杯子里。感动，让友情不再陌生，让心灵不再孤独。

孤独，不是因为内向，感情太脆弱太容易孤独的人，意志薄弱的，寻求刺激；意志坚强的，寻求充实。相同的目的，沉沦与升华，是两者天壤之别的结局。

纯真的友谊，是在别人孤独的时候，送上一束鲜花，而不是在别人门庭若市的时候，随声附和。友情，是生命中的血液，它会一直陪着你，随着你的心脏跳动。日出日落，花开花谢，它在你的生命里，闪烁着别样的光彩。

有这样一种朋友

有这样一种朋友，当他成功或遭遇不幸时，第一个想到你的人。当他成功时，无论你在哪，他都会与你分享这份成功的喜悦，当他津津乐道地告诉你时，不要以为他是在炫耀自己，而是他把你当朋友，他认为他的成功有你的一半，所以他的快乐也应当分你一半。当他遭遇不幸时，就算你什么也做不了，给你的一通电话或者一条短信都可能是他的安定剂。

有这样一种朋友，当你犯错误时，婉言相劝的人。他不会直言相告，因为他知道那样会伤了你的自尊，他更不会假装不知道，因为他怕你会一错再错。他就像你的导师，就像你迷茫时看到的一块方向牌。

有这样一种朋友，当你缺乏自信时，给予鼓励的人。他总是有足够的理由让你去面对困难，他总是给你万分的勇气让你去接受挑战。

有这样一种朋友，当你第一次出远门，千叮咛万嘱咐的人。当你一人在外，会嘘寒问暖的人。他就像你的亲人，不时常联系，但总免不了牵挂，不时常腻在一起，但总记得问候。

请问你身边有这样的朋友吗？如果有，请你珍重，或许他将是我们有生之年最弥足珍贵的一笔财富。

 友 情 心 语

朋友，到底什么是朋友？朋友是，即使什么也不说，都能感觉到的那份温暖；朋友是，无论世事如何变幻，都能包容你的那一颗心；朋友是，纵然离之伤痛、孤身一人，也能感觉到的那种充实。

 生命需要友谊

一个富翁和一个书生打赌，让这位书生单独在一间小房子里读书，每天有人从高高的窗外往里面递一回饭。假如能坚持10年的话，这位富翁将满足书生所有的要求。于是，这位书生开始了一个人在小房子里的读书生涯。他与世隔绝，终日只有伸伸懒腰，沉思默想一会儿。他听不到大自然的天籁之声，见不到朋友，也没有敌人，他的朋友和敌人就是他自己。

很快，这位书生就自动放弃了这一搏。

因为书生在苦读和静思中终于大彻大悟：10年后，即便大富大贵又能怎样？

从这个故事中我们得到了很多启发：

可以说自从世界上出现人类以来，相互交往就一直存在，即使是病人，聚在一起也比独处要轻松，尤其是现代社会，与世隔绝，独处一室是非常不切实际的做法。人际关系就像是一盏灯，在人生的山穷水尽处，指引给你柳暗花明又一村的繁华。创造完美的人生就从铺好你的人脉开始……

当杰琳还是孩子时，她的父亲就不幸过世，她继承了那间她曾有过许多美好时光的山区小屋。在临退休的前几年，杰琳决定保留这间小屋，并尽可能多花时间在山中度过。一个秋天的夜晚，杰琳在壁炉里堆起柴燃起火取暖时，一种无可名状的孤独感油然而生。

再结一次婚显然不太现实，收养个孩子似乎又不太可能。然后杰琳意识到自己也许还有二三十年的生命，她对自己说："教堂一直是我排遣心中的不快、保持积极乐观的场所，既然如此，我为什么不把这间小屋捐赠给教堂，将它作为那些需要关怀的人包括我自己的快乐天堂呢？"接下来的一星期，杰琳将这种想法告诉了教堂的牧师和其他她相信的人，他们都很高兴。

从那时起，孤独感便不复存在了。杰琳将她生活中的

127

友谊中的满满幸福

积极因素转化为她期望融入和实现的目标，她因此而拥有了更多的新朋友，她的生活也因此而更有意义。

友情心语

　　心灵上的孤独越来越困扰着我们的生活，我们每天都与朋友谈天说地，却常常会有莫名的孤独感袭上心头。打开你的心灵，让自己融进人群，你就可以抵御那种莫名生出的孤独和消沉。记住，与人分享一份快乐，你就有了两份快乐。

患难之交才是知己

　　友谊是一片照射在冬日的阳光，使贫病交迫的人感到人间的温暖，重新看到生活的希望。真正的朋友不把友谊挂在嘴上，他们并不为了友谊而互相要求一点什么，而是彼此为对方办一切办得到的事。

父亲的字条

　　一位犹太父亲自知自己将不久于人世，于是他把唯一的儿子叫到病榻前并且叮嘱他："除了一生积攒下来的财富，我留给你的还有一生当中唯一的朋友。他住在一个非常遥远的地方，这是他的地址，如果你遇到解决不了的困难，那就去找他。"说完父亲把手中一个写着陌生地址的字条交到了儿子手里，然后就撒手人世了。

　　失去了父亲的儿子感到万分的悲痛，在悲痛之余他又为父亲临终时留下来的话感到不解：父亲明明知道我有许多形影不离的好朋友，为什么要我在遇到困难时去找他那位已经多年不再联系的唯一的朋友呢？虽然对父亲的话感到有些纳闷，但是一向听从父亲教诲的他还是把父亲留下来的字条保存在一个稳妥的地方。

　　在父亲死后的几年里，儿子依然像父亲在世的时候一样大把花钱，不断宴请自己结交的朋友，当朋友遇到困难时他总是慷慨解囊，但是他却忘了小时候父亲对于自己如何理财的教诲。

　　由于过度花费又没有其他进账，所以父亲留下来的钱财很快就被他花光了。几乎一无所有的他向那些他曾经帮助过的朋友们寻求帮助，没想到过去热脸相迎的朋友们一个个都变得冷漠至极。

正所谓"破屋又遭连阴雨，漏船又遇打头风"。一次，高利贷者到他家向他要账，由于对方恶语相向，他一时气愤便把对方打了个头破血流。他知道对方一定不会善罢甘休，也许过不了多久自己就会被抓进监狱。

一想到这些，年轻人开始害怕起来，他决定先到朋友那里躲一躲，然后让他们帮助自己解决这场灾难。于是他连夜到各个朋友家中敲门求助，可是没有一个朋友愿意惹官司上身，甚至大多数朋友连家门都不愿意让他进。

在心灰意冷之际，他想到了父亲临终时留下的字条。于是他简单地打点行装，开始寻找父亲的那位多年不见的朋友去了。

虽然一路上历经磨难，但他还是来到了父亲的老友门前。父亲的老友显然并不富裕，看到这些他不由得又对父亲的话多了几分不解。当他疑虑重重地向对方说明自己的身份并且表明自己目前的处境时，对面的老人很快将他拉到了家中，叫妻子赶快为年轻人准备可口的饭菜，他自己则迅速走了出去。

过了将近一小时的时间他才满头大汗地回来，并从外面抱回来一个年代很久的坛子。令年轻人感到吃惊的是，坛子里面居然有十几块闪闪发光的金币，更令他感到出乎意料的是，这位老人居然要将这些金币全部送给他。

老人一边将金币送到年轻人手中，一边对他说："这是我年轻的时候和你父亲一起做生意时分得的利润，你全

友谊中的满满幸福

部拿去，用它们还清债务，剩下的钱你就用它们去创造更大的财富吧。年轻人，想想你父亲当年的做法，以后要知道怎样积累财富。"

年轻人带着十几块金币走了，他同时带走的还有对真正友谊的大彻大悟。

友情心语

　　真正的朋友往往不是那些锦上添花之辈，而是雪中送炭之人。危难之际见真情，真正的朋友必定能够经得起时间和环境的考验，因为那既是一种感情，更重要的是一种责任。如果只能同享乐而不能共患难，那就不是真正的朋友。

 延续的友情

　　春秋时期，有一年冬天，寒风呼啸，大雪纷飞。在鸟兽潜踪、人烟稀少的荒原上，有两个互相搀扶的年轻人，正跌跌撞撞、艰难地走着。他们是一对挚友：羊角哀和左伯桃。

　　当时，各国诸侯为争夺土地，扩大势力范围，连年发动战争，使人民生活在水深火热之中。这两个朋友对人民深为同情，决心施展自己的才干，拯救国家和人民。他们听说楚庄王是个贤明的国君，就相约前去投奔。

　　风狂雪猛，寒冷、饥饿、长途跋涉，使身体本来就瘦弱的左伯桃病倒了。在这危难时刻，羊角哀对左伯桃说："我扶你走吧，你放心，我绝不会丢下你不管的。"羊角哀搀扶起左伯桃艰难地走着……

　　两天过去了，羊角哀筋疲力尽了。他好不容易才把左伯桃扶到一棵大空心树旁，暂避风雪。

　　"角哀，荒原千里，风雪无边，如果我们两个都冻饿而死，不如救活一个。我看，你一个人快走吧，我是实在不行了，别再连累你。"左伯桃喘着气说，他连站起来的力气也没有了。

　　羊角哀一听，急了："你怎么说这种话！伯桃，你放心，我背也要把你背到楚国去！"说着，羊角哀弯下身子就要背左伯桃，但他也没有力气再把左伯桃背起来了。左伯桃用微弱的声音说："角哀，我现在的身体状况肯定到不了楚国就会死在半路上，你的身体比我好，本领比我强，有希望走出这片荒原，应该你去楚国！我们救国救民理想的实现就拜托你了！"

133

　　两个人真诚相商。最后，左伯桃还是说服了羊角哀。

　　羊角哀抱着左伯桃放声痛哭。左伯桃催他赶快上路。羊角哀要把所有的干粮留给左伯桃，左伯桃决意不要……羊角哀只好怀着极为沉痛的心情诀别了他的朋友，独自上路了。

　　羊角哀赶到楚国后，受到楚庄王的重用。他连忙带人

回到荒原，却发现左伯桃已冻死在空心树旁，他埋葬了好友的尸体，痛哭而别。

楚庄王知道这一切后，深为左伯桃的精神所感动，下令奖励了左伯桃的妻儿。

 友情心语

古希腊著名诗人欧里庇得斯说："宝贵之时自然高朋满座，患难之交才真诚。"确实如此，在我们最困难的时候，在一无所有的情况下，还能有人关怀我们、信任我们，这是多么难得的幸福啊。相反，那些平日不怎么来往，一旦见我们位高权重就上来凑热闹的人，绝不会成为我们的朋友。

 # 需要资金吗，今天

我是一个特别喜欢浪漫的人，所以手机里少不了存着许多风花雪月的短信。但我存得最久、直到现在都舍不得删的一条短信却与风花雪月完全无关，那是一句如果不明前因后果甚至会让人觉得莫名其妙的话："需要资金吗，今天？我去给你送钱，3000够吗？"

发送短信的日期是2003年4月15日。离现在，已经快十年了。

2003年1月，我得了一场重病，停掉手里一切工作，做手术，住院。世人都羡慕白领时尚自由的生活，只有身在其中，才知什么叫"手停口停"。那时我才换了工作不久，又刚交了半年的房租，住院押金加治疗所花杂费，几乎捉襟见肘。我又骄傲惯了，从不在朋友们面前诉苦，自以为也没人看得出来。

就在用钱最紧张的时候，一个平时交往很好的朋友来看我，"缺钱不？"我只当他是普通的客气，所以很随意地答："还好啦。"他又叮嘱说："如果真缺钱就告诉我啊！"

我笑着点头，却并没有认真地去记着他的话。

过了几天，忽然收到他发来的短信："需要资金吗，今天？我去给你送钱，3000够吗？"心里没来由地一震，眼泪都快出来了。他是认真的啊！认认真真地，实实在在地，想要帮助我。他知道我不会主动开口，所以特别再发短信来问——所谓患难之交，这就是了吧？

住院期间，时时收到朋友们的短信，多是殷勤问候、祝愿早日康复。知道自己并没有被人遗忘，心里也是觉得温馨的，但无论如何都不如那条短信让我感动至今。

一年能有多少天？在这个以短信说话的时代，365天可以收到多少条短信？可是这条短信一直安安静静地躺在我的手机里，我无数次地去翻看，甚至不去翻看也可以把它的每一个标点倒背如流，却始终舍不得删除它。

这样一种患难情谊，是这辈子也删除不了的吧？

友谊中的满满幸福

和死神的对弈

2002年初春的一天，暖洋洋的阳光映衬着湛蓝的天空，沁人的海风拂过脸颊，这是一个钓鱼的绝好天气。尼克·克莱尔向六十二岁的老朋友彼得·摩根问道："还没钓到鱼？"长满络腮胡子的摩根冲他的年轻搭档笑笑，得意地甩上一条鲭鱼作为回答。

摩根说："我去岛顶看看情况怎么样。"于是，他拖着渔具向小岛的高处走去，从那儿他能看见海面的整体情况，但他的鞋子被一块突出的岩石钩住。他一使劲儿，竟踉踉跄跄地栽落下来。

克莱尔惊恐地目睹了这一切：摩根的身体先是摔到了陡峭的岩石上，随后是沉闷而又惊心的撞击声，是摩根的头撞在了一块石头上。最后摩根从200英尺高的崖顶坠入了汹涌的大海！

"彼得！"看着摩根像木头一样漂浮在海面上，克莱尔疯狂地叫喊着。克莱尔后退两步，纵身跃入了波涛翻滚的大海，拼命地游到摩根身边。此时，摩根的头部已严重受伤，头盖骨已经露了出来，殷红的鲜血正从嘴角渗出，他的眼睛也因受伤而几乎睁不开了。"彼得！"克莱尔不停地呼喊着，试图使他苏醒过来，"坚持住，彼得，我们马上离开这儿！"克莱尔用右手紧紧抓住摩根的衣领，然后左手划动，拼命地游向小岛的方向。

　　两个人在海浪中时沉时浮，就像处在失控的电梯当中。克莱尔抓住下一个海浪冲过来的时机试图在光秃秃的岩石上找到一个凸起的地方，结果他失败了，海水又把他们卷回大海。当海浪又一次将他们推向高处，克莱尔设法抓住了岩石。

　　当海水退去的时候，他们两个人成功地留在了一块岩石上。"我们成功了！"克莱尔兴奋地喊道。不幸的是，刚过了一小会儿，海水又涌了上来，直到没过他的头顶。这次他再也抓不住了，他们又从岩石上滚了下来。

　　克莱尔的左胳膊拼命地划水，尽量接近岩石，他抓着摩根衣领的右胳膊已经开始酸痛，渐渐失去知觉。他们在海水中至少已经停留了五分钟，撑不住更长的时间了。

　　克莱尔从来没有觉得如此的孤单，他感觉死神正向他们步步紧逼。难道要扔掉挚友独自逃生？不，绝对不行！摩根的妻子刚刚去世两个月，他们的孩子绝对不能再失去父亲了！我也绝对不能失去摩根！克莱尔打定主意，要与

友谊中的满满幸福

摩根共存亡。

潮水又一次涌来，将他们冲向小岛。克莱尔再一次成功地抓住了一块岩石。克莱尔努力平复自己紧张、绝望的心情，苦苦思索着求生的办法。

这时，巨大的海浪呼啸而来，把他们推向更高。克莱尔借机拼命抓住岩石中一条细的裂缝，他把左手伸进去，然后握紧拳头来支撑。现在他仅凭一只胳膊支撑着两个人的体重，而且湿透的衣服变得越来越重。克莱尔的脚不停地搜寻，终于找到了一个支点。又一个海浪打过来，狠狠地冲击着他们。这一次他抓得很牢固，没有被卷下去。

但是，克莱尔的力气已经快要耗尽了。"彼得，你要帮助我，"他喊道，"我一个人撑不下去了，我的胳膊失去知觉了。"克莱尔希望摩根的腿能帮上忙，他用脚搜寻着其他的落脚点。"在那儿！"他兴奋地喊道，"那儿有一个洞，你正好可以把左脚放进去。"

苏醒过来的摩根努力地把脚向上挪了几英寸，在克莱尔的帮助下把脚放到了那个洞中。由于多了个支撑点，克莱尔的右胳膊得到了舒缓。他看了一眼摩根血肉模糊的脸，意识到他的朋友几乎看不到东西，于是告诉他："彼得，你只要把重心放到那只脚上就可以了。"

休息片刻，克莱尔拖着摩根艰难前进。当克莱尔拖着摩根回到岸边时，他感觉似乎经历了一个世纪的漫长时间，想起刚才在汹涌的海浪中与死神搏斗的情景，仍心有余悸。摩根看起来情况更严重了，在鲜血的映衬下，他的

影响孩子一生的心灵鸡汤

138

脸苍白如纸。

克莱尔把他前额绽开的皮肤轻轻地抚平，遮住露出的头骨。他用摩根来时戴的那顶帽子轻轻地盖住鲜血不断涌出的伤口，然后把他的身体舒展开，使他舒服一点。"彼得，不要把帽子拿开。我必须去寻求援助，你一定不要乱动。"克莱尔不想离开摩根，现在摩根处于半昏迷状态，有可能又掉进海里，但是克莱尔没有选择的余地。

地方银行职员黛比·库珀的房子就建在崖顶。克莱尔磕磕碰碰地走进房间后就瘫倒在地上。"我需要一辆救护车，"浑身是血的克莱尔低声说道，"不是为我，是为了我的朋友。"半小时后，摩根被成功地救回悬崖顶部。

在救护车里，克莱尔躺在摩根的身边，尽管寒冷、疼痛及乏力的感觉一齐袭来，他还是抑制不住心中的喜悦，因为他们之间的深厚友情终于战胜了死神。

友情心语

对友谊的考量，并不能用"朋友之间每个月见几次面，在一起吃几顿饭"这样的标准，而应该是在真正的困难面前，彼此之间是否还能够同呼吸，共命运。尽管双方在平常可能言语不多，甚至很少有联系，但是在关键时刻能够抓住对方的手永不放弃。这样的朋友，才值得我们珍惜一辈子。

友谊中的满满幸福

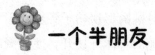

一个半朋友

　　一个小青年整天在自己的父亲面前炫耀自己有那么多的好朋友，炫耀自己的朋友是多么讲义气，多么优秀，整天跟着自己所谓的这些好朋友一起出去喝酒、游逛……父亲忍不住了，终于发话了，说："儿子，你整天说你的朋友有多么多么的好，那我现在跟你做个实验吧！"说完，父亲转身出去了，杀了一只鸡，然后进屋涂抹在儿子身上。儿子很迷茫，问父亲这是干什么。父亲说："你只跟我走就是了。"儿子跟着父亲出了家门。

　　父亲带儿子来到儿子的一个好朋友的家。父亲见到儿子的朋友后，先是问候了几句，然后说："你跟我儿子是好朋友，我儿子整天在家念叨着你们，现在我儿子出了点事，他杀人了，你看你们的关系那么好，你能不能想办法帮帮我儿子啊？"

　　儿子的朋友僵硬地笑了笑，说："叔叔，你们快先回家吧，我会想办法的。"然后竟赶快转身回家关了门。儿子对"朋友"的举动很是不解，父亲只是笑了笑，领着儿子又去了第二、三、四个朋友那里，一直走了三天三夜，才把儿子所有的朋友拜访完。然而儿子朋友的回答全都大同小异，都是让他们快点回家等消息……

又过了三天，父亲带着儿子再次来拜访这些朋友。可是儿子的这些朋友搬家的搬家，关机的关机，一个都联系不上了。儿子用很失望的眼神看着父亲，而父亲对此事好像是意料之中。他对儿子说："你毕竟是杀人犯啊，有谁愿意每天跟个杀人犯打交道呢？不过话说回来。这就是你所谓的好朋友啊！现在我再带你去看看我的朋友吧，我的朋友虽然不多，只有一个半……"

父亲带着儿子来到他第一个朋友那。他这个朋友家里非常有钱，而且在社会上也是有一定地位的。父亲见了老朋友还是照例问候了几句，然后指着身后全身是血的儿子说："老朋友，我儿子现在出了点事，他杀人了啊，你看……"

话还没有说完，父亲的老朋友就说："你放心吧，我给你搞定，你们回家当做什么事情都没有发生就行，不必放在心上，不就是花点钱的事嘛，放心吧！"父亲感激地握着老朋友的手，说："谢谢你啊！其实我儿子没有杀人，我这是在给他做一个实验，在给他讲一些道理……"父亲的朋友深有体会地笑了笑，然后两人又聊了几句，父亲就带着儿子离开了这第一个朋友的家。

父亲又带着儿子来到那半个朋友家。为什么说是半个朋友呢？其实他们以前并不认识，更谈不上是朋友。只是他这半个朋友以前家境贫穷，吃不上饭，饿得快要昏死的时候，这儿子的父亲曾经给过他一碗饭。

从此，这人感激不尽，二人因此成为朋友。父亲还是

友谊中的满满幸福

照例问候了一下这半个朋友，然后说："老朋友，我家现在出了点事，我儿子杀人了！你看看能不能帮帮我？"这半个朋友笑了笑，说："不用担心。"然后对着里屋把自己的两个儿子喊出来，说："你们看，这是父亲我的好朋友。现在他儿子杀人了，你们商量下，看看谁去替他儿子坐牢啊？"这半个朋友的话让父亲和这个青年都感动不已。

因为他不像父亲第一个朋友那样有钱有地位，他有的仅是两个儿子……那半个朋友的两个儿子在那争执了。大儿子说："弟弟，你还没有成家立业，我去替他坐牢吧！你在家好好照顾父亲，照顾这个家……"小儿子不愿意，说："哥哥，就因为我没有成家立业，所以我没有牵挂，你在家照顾父亲和嫂嫂，这牢，我去坐……"两人互不相让地争，站在一旁的父亲说："老朋友啊，快别叫你的儿子们争了。我儿子其实没有杀人，我只是给他做个实验，跟他讲个道理……"父亲的半个朋友用赞赏的眼光看了看父亲，然后同样坐下和父亲说了几句话……

父亲带着儿子离开了他这半个朋友的家，然后对着迷茫至极的儿子说："儿子，看到了吗？这就是我的一个半朋友啊！我的朋友确实不多，只有一个半，可是他们对我却是想尽一切方法给予帮助；你的朋友是很多，可是他们却没有一个可以给予你帮助。你好好想想，你交这么多这样的朋友又有什么用呢……"

友情心语

当你处在生死攸关的危急时刻，那个能与你肝胆相照，心甘情愿地替你分忧的人，可以称得上你的一个朋友；当你身临险境，那个能够明哲保身，不落井下石加害你的人，可称作你的半个朋友。一个人的朋友不必求多，但要求真，一生当中能拥有这样的朋友，哪怕只有几个，也该知足了。

通知坏消息的人

 143

诊断结果出来了——癌症晚期，已经彻底没救了。这是生命的最后时刻。保守治疗除了减轻病人一丝丝痛苦之外，其实已毫无意义，病魔正疯狂地吞噬着亲人的生命。

生活就是这样，常常令我们陷入绝望的境地，眼睁睁看着亲人的生命一点点消逝，你却无能为力，这是怎样的悲哀！然而，更加让人不堪的是，有时候，你还必须在他弥留之际，告诉他真实的病情，你不能让亲人带着遗憾糊里糊涂地离开这个世界。

家庭会议上，大家心情沉重地商量，该由谁来将这个不幸的消息亲口告诉病入膏肓的亲人。

是的，一定是他最亲的那个人，一定是他最疼的那个

友谊中的满满幸福

人，一定是他最爱的那个人，一定是他最相信的那个人，一定是他最舍不得的那个人，最后来告诉他真相。

我经历过好几次这样生离死别的残忍时刻。我的奶奶、我的父亲，在他们罹患绝症弥留之际，都是我亲口告诉他们真实的病情。

我们这辈子，会听到很多消息，好的消息，坏的消息，无关痛痒的消息。好的消息，让人开心的消息，总是像长了翅膀一样，从不同人的口中，唧唧喳喳地飞到你耳中。而坏的消息，一定是最亲的人，或者真正的朋友，才会告诉你。

有一次，我参加集团一个岗位的竞选，我志在必得。可是，几轮筛选之后，不知道为什么，最后的结果一直没有出来。那几天，同事们看到我的时候，眼神闪闪烁烁，好像隐藏着什么。他找到了我，直截了当地告诉我，我被淘汰了。他是领导找我谈话之前，唯一将这个"坏消息"告诉我的人。

当领导找我谈话时，我已经平静了下来。他是我的同事，也是我的朋友。在我的印象中，在单位，所有与我有关的坏消息，都是他告诉我的。他告诉我，我的职称问题泡汤了；他告诉我，领导对我最近的印象不太好；他告诉我，我报上去的计划又没通过……他总是及时带来这些让人沮丧的坏消息。

然后，他重重地拍拍我的肩膀。我感受到了他的手掌里传导过来的力量。在我最困难的时候，他总是在我身边。

有人喜欢将好消息告诉你，那是因为，人们总是乐于与别人分享好消息所带来的喜悦；也有人常常将坏消息带给你，这些坏消息，让你懊恼，让你沮丧，让你愤怒，让你抓狂，甚至让你绝望。好的消息，可以分享；而坏的消息，需要分担。很多时候，告诉你坏消息的人，正是耸起肩膀，准备和你一起扛起困难的人。

巨匠的友谊

徐悲鸿和齐白石，这两位中国画坛的巨匠，犹如双子星座般永远闪耀在艺术的天空，而他们之间的友谊，也成为一段佳话永远流传。

齐白石本是木匠出身，但凭着自身的天赋和刻苦勤奋，在绘画上取得很高的造诣。但在当时以模仿古人为能事的国画界，齐白石的处境十分尴尬，唯徐悲鸿对其画作甚为赞叹、敬佩。徐悲鸿于1929年担任北平艺术学院院长后，亲自登门拜访这位仰慕已久却又素不相识的画家，并提出欲聘其为北平艺术学院教授的请求，但连去两次齐白石均婉言拒绝了。徐悲鸿没有灰心，又第三次登门邀请。67岁的老画家被深深感动了，终于道出顾虑：自己从

没有进过洋学堂，连小学都没有教过又如何能教大学？若遇上学生调皮捣蛋，自己这把年纪，恐怕摔个跟斗就爬不起来了。徐悲鸿便告之：他无须讲课，只要在课堂上给学生们作范画就行，并且自己一定在旁边陪同上课。这样，齐白石才答应。

次日清晨，徐悲鸿亲自坐了马车来恭请，学生则站在校门前，以热烈的掌声迎接老画家来校任教。齐白石登室当场作画，学生都在一旁仔细观摩。画完后，在徐悲鸿的引导下，齐白石与学生展开了热烈的讨论。这堂课上得生动有趣，学生、徐悲鸿以及齐白石自己都觉得很满意。课后，徐悲鸿又亲自送齐白石回家。临别时，老画家激动地说："徐先生，感谢你，我以后可以在大学教书了，请受我一拜。"说着便双膝下屈，欲对才34岁的晚辈徐悲鸿行大礼。徐悲鸿慌忙扶住他，热泪盈眶……两位画坛大师，就这样开始了他们终生不渝的友谊。

当时的北平画坛观念极为落后，徐悲鸿欲革新中国画的主张遭到保守派的激烈反对，就连聘请齐白石为教授之举也成为众矢之的遭到非议。"齐木匠居然也来当教授了！"流言蜚语，诽谤刁难，一时俱发。使徐悲鸿深感孤掌难鸣，只好辞去院长职务，南下沪宁。临行时，他去辞行，齐白石当场画了幅《月下寻归图》相赠，并在画上题诗曰："草庐三顾不容辞，何况雕虫老画师。海上清风明月满，杖藜扶梦访徐熙。"

徐悲鸿南下后，和齐白石书信往来不绝。当时，齐白石尚未正式出过画集，只是自费印了200本画册赠亲友。为了扩大齐白石的艺术影响，徐悲鸿向中华书局推荐，并自任编辑亲写序言，终使齐白石的第一部画集正式出版。齐白石收到自己的画集和稿酬时，无比喜悦和激动。老人又一次被徐悲鸿深深感动了。

抗战时期由于战火纷飞，徐悲鸿与齐白石已不能再书信往来，徐悲鸿写了许多怀念旧友的诗篇，如："烽烟满地动干戈，缥缈湘灵意若何。最是系情回首望，秋风袅袅洞庭波。"

抗战胜利后，徐悲鸿急从重庆致信齐白石，很快便收到回信。齐白石在信中满怀深情地写道："生我者父母，知我者君也！"不久，徐悲鸿回到北平，立即去拜访齐白石，分别17年后，故友重逢，两人不禁悲喜交集。不久，徐悲鸿就任北平艺专校长，便立即聘请齐白石担任该校名誉教授，并经常与齐白石在一起作画、长谈，他们之间的友谊更深厚了。

1948年，平津战役打响，北平的国民党要员纷纷逃离。临近北平解放前夕，南苑机场被炮火封锁，国民党政府在东单广场抢修起临时机场，派飞机来将一些著名专家及其家属接走。徐悲鸿也在此名单中，但他坚决拒绝去南京。不久，田汉潜入北平，向他转达了毛泽东和周恩来对他的希望：在任何情况下都不要离开北平，并尽可能在文化界多为党做些工作。徐悲鸿非常激动，次日便去看望年近九旬的齐白石。这时，有人向老人造谣说：共产党有

个黑名单，进城后便要把这批名单上的有钱人全都杀掉，他已是单上有名。但徐悲鸿告诉他，北平很可能会和平解放。万一城内出现混乱，便会来接老人去北平艺专，护校的学生可保护其安全。共产党对所有对文化有贡献的人都很尊重，自己也坚决不走！齐白石老人一向最信任徐悲鸿，听他这么一说，疑虑顿消，脸上露出了欣慰的笑容。后来，他们共同迎来了北平的解放，也迎来了他们晚年在艺术上大放异彩的春天。

友情心语

　　齐白石与徐悲鸿两个人一生经历了中国历史上最动荡的时期。两个人因为彼此之间的友情而相互信任，最后两人一共在见证友情的同时还见证了新中国的成立。

真正的朋友

　　汤姆有一架小型飞机。一天，汤姆和好友库尔及另外五个人乘飞机经过一个人迹罕至的海峡。飞机已飞行了两个半小时，再有半个小时就可到达目的地。

　　忽然，汤姆发现飞机上的油料不多了，估计是油箱漏油了。因为起飞前，他刚给油箱加满了油。

　　汤姆将这个消息传达后，飞机上的人一阵惊慌，汤姆安慰他们："没关系的，我们有降落伞！"说着，他将操纵杆交给也会开飞机的库尔，走向机尾拿来了降落伞。汤姆给每个人发了一个降落伞后，在库尔身边也放了一个降落伞。他说："库尔，我带着5个人先跳，你开好飞机，在适当的时候再跳吧。"说完，他带领5个人跳了下去。

飞机上只剩下库尔一个人了。这时仪表显示油料已尽，飞机在靠滑翔无力地向前飞着。库尔决定也跳下去，于是他一手抓紧操纵杆，一手抓过降落伞包。他一掏，大惊，包里没降落伞，而是一包汤姆的旧衣服！库尔咬牙大骂汤姆。没伞就不能跳，没油料，靠滑翔飞机是飞不了多久的！库尔急得浑身冒汗，只好用尽浑身解数，往前能开多远算多远。

飞机无力地朝前飞着，往下降着，与海面距离越来越近……就在库尔彻底绝望时，奇迹出现了——一片海岸出现在眼前。他大喜，用力猛拉操纵杆，飞机贴着海面冲了过去，撞在松软的海滩上，库尔晕了过去。

半个月后，库尔回到他和汤姆居住的小镇。

他拎着那个装着旧衣服的伞包来到汤姆的家门外，发出狮子般的怒吼："汤姆，你这个出卖朋友的家伙，给我滚出来！"

汤姆的妻子和三个孩子跑出来，问他发生了什么事。库尔很生气地讲了事情的经过，并抖动着那个包，大声地说："看，他就是用这东西骗我的！他没想到我没死，真是老天保佑！"

汤姆的妻子说了声"他一直没有回来"，就认真地翻看那个包。旧衣服被倒出来后，她从包底拿出一张纸片。但她只看了一眼，就大哭起来。

库尔一愣，拿过纸片来看。纸上有两行极潦草的字，是汤姆的笔迹，写的是："库尔：我的好兄弟，向前是鲨鱼区，跳下去必死无疑。不跳，没油的飞机不堪重负，会很快坠海。我带他们跳下后，飞机就会减轻重量，肯定能滑翔过去。大胆地向前开吧，祝你成功！"

友情心语

汤姆和库尔的友情是以汤姆的生命来见证的，在危机的时候，汤姆为了让自己的好朋友活下去，他毅然选择了自己死亡。这份友情无比珍贵，值得库尔用一生铭记。

他是我的朋友

由于飞机的狂轰滥炸，一颗炸弹被扔进了这个孤儿院，几个孩子和一位工作人员被炸死了。还有几个孩子受了伤。其中有一个小女孩流了许多血，伤得很重！幸运的是，不久后一个医疗小组来到了这里，小组只有两个人，一个女医生，一个女护士。

女医生很快的进行了急救，但在那个小女孩那里出了一点问题，因为小女孩流了很多血，需要输血，但是她们带来的不多的医疗用品中没有可供使用的血浆。于是，医生给在场的所有的人验了血，终于发现有几个孩子的血型和这个小女孩是一样的。可是，问题又出现了，因为那个医生和护士都只会说一点点的越南语和英语，而在场的孤儿院工作人员和孩子们只听得懂越南语。

于是，女医生尽量用自己会的越南语加上手势告诉那几个孩子，"你们的朋友伤得很重，她需要血，需要你们给她输血！"终于，孩子们点了点头，好像听懂了，但眼里却藏着一丝恐惧！

孩子们没有人吭声，没有人举手表示自己愿意献血！女医生没有料到会是这样的结局！一下子愣住了，为什么他们不肯献血来救自己的朋友呢？难道刚才对他们说得话他们没有听懂吗？

忽然，一只小手慢慢的举了起来，但是刚刚举到一半却又放下了，好一会儿又举了起来，再也没有放下！

医生很高兴，马上把那个小男孩带到临时的手术室，让他躺在床上。小男孩僵直着躺在床上，看着针管慢慢的插入自己细小的胳膊，看着自己的血液一点点的被抽走！眼泪不知不觉的就顺着脸颊流了下来。医生紧张的问是不是针管弄疼了他，他摇了摇头。但是眼泪还是没有止住。医生开始有一点慌了，因为她总觉得有什么地方肯定弄错了，到底在哪里呢？针管是不可能弄伤这个孩子的呀！

友谊中的满满幸福

关键时候，一个越南的护士赶到了这个孤儿院。女医生把情况告诉了越南护士。越南护士忙低下身子，和床上的孩子交谈了一下，不久后，孩子竟然破涕为笑。

原来，那些孩子都误解了女医生的话，以为她要抽光一个人的血去救那个小女孩。一想到不久以后就要死了，所以小男孩才哭了出来！医生终于明白为什么刚才没有人自愿出来献血了！但是她又有一件事不明白了，"既然以为献过血之后就要死了，为什么他还自愿出来献血呢？"医生问越南护士。

于是越南护士用越南语问了一下小男孩，小男孩不加思索就回答了。回答很简单，只有几个字，但却感动了在场所有的人。

他说："因为她是我最好的朋友！"

友情心语

在面临生死的时候，人类会很自然的重视自己的生命。为了活下去，每一个人都会爆发出巨大的潜能。在这个时候，友情能够让自己毫不犹豫的以自己的生命去救助最好的朋友。可见，友情是一种非常伟大的感情。